创意服装设计系列

丛书主编　李　正

化学工业出版社

·北京·

内容简介

本书是一部集时装画手绘技法教学、时装画电脑绘制教学、时装画相关知识的学习、优秀时装画作品赏析为一体的时装画综合性工具书。本书的内容包括以下几个部分：时装画概述、时装画的性质和特点、时装画的类别、时装画的常用工具、时装画人体知识、时装画线稿的绘制、时装画色彩的绘制、时装画中不同面料的质感表达、时装画配饰的绘制、现代数码时装画技法以及时装画作品赏析。

本书适合所有服装设计爱好者使用，也可作为高等院校服装设计专业的教学用书。

图书在版编目（CIP）数据

时装画技法入门与提高 / 吴艳，杨予，李潇鹏编著. 一北京：化学工业出版社，2021.4

（创意服装设计系列 / 李正主编）

ISBN 978-7-122-38412-6

Ⅰ. ①时… Ⅱ. ①吴… ②杨… ③李… Ⅲ. ①时装-绘画技法 Ⅳ. ①TS941.28

中国版本图书馆CIP数据核字（2021）第018978号

责任编辑：徐　娟　　文字编辑：李　曦　　装帧设计：中图智业
责任校对：李　爽　　封面设计：刘丽华

出版发行：化学工业出版社（北京市东城区青年湖南街13号　邮政编码100011）
印　　装：北京瑞禾彩色印刷有限公司
787mm×1092mm　1/16　印张10½　字数250千字　2021年5月北京第1版第1次印刷

购书咨询：010-64518888　　售后服务：010-64518899
网　　址：http://www.cip.com.cn
凡购买本书，如有缺损质量问题，本社销售中心负责调换。

定　　价：68.00元

序

常态下人们的所有行为都是在接收了大脑的某种指令信号后做出的一种行动反应。人们先有意识而后才有某种行为，自己的行为与自己的意识一般都是匹配的，也就是二者之间总是具有某种一致性的，或者说人们的行为是受意识支配的。我们所说的意识支配行为又叫理论指导实践，是指常态下人们有意识的各种活动。艺术设计思维是艺术设计与创作活动中最重要的条件之一，也是艺术设计层次的首要因素，所以说“思维决定高度，高度提升思维”。

“需求层次论”告诉我们一个基本的道理：社会中的人类繁杂多样各不相同，受文化、民族、宗教、地缘气候与习性等因素的影响，无论是从人的心理方面研究还是从人的生理方面研究，人们的客观需求与主观需求都有很大的差异。所以亚伯拉罕·马斯洛提出人们有生理需求、安全需求、社交需求、尊重需求、自我实现需求五个不同层次的需求。尽管人们对需求层次论有各种争议，但是人类的需求层次存在差异性应该是没有异议的，这里我想说明艺术设计思维也是具有层次差异性的，每一位艺术设计师必须牢牢记住这个基本的问题。

基于提升艺术设计思维的层次，我们的团队在一年前就积极主动联系了化学工业出版社，共同探讨了出版事宜，在此特别感谢化学工业出版社给予本团队的大力支持与帮助。2017 年我们组织了一批具有较高成果显示度的专业设计师、研究设计理论的学者、艺术设计高校教师等近 20 人开始计划、编撰创意服装设计系列丛书。

杨妍老师是本团队的骨干，具体负责本系列丛书的出版联络等事项。杨妍老师认真负责，做事严谨，在工作中表现得非常优秀。她刻苦自律，参与编著了《服装立体裁剪与设计》《服装结构设计与应用》，本系列丛书能顺利出版在此要特别感谢杨妍老师。

作为本系列丛书的主编，我深知责任重大，所以我也直接参与了每本书的编写。在编写中我多次召集所有作者召开书稿推进会，一次次检查每本书稿，提出各种具体问题与修改方案，指导每位作者认真编写、完善书稿。

本次共计出版 7 本图书，分别是：岳满、陈丁丁、李正的《服装款式创意设计》；陈丁丁、岳满、李正的《服装面料基础与再造》；徐慕华、陈颖、李潇鹏的《职业装设计与案例精析》；杨妍、唐甜甜、吴艳的《服装立体裁剪与设计》；唐甜甜、龚瑜璋、杨妍的《服装结构设计与应用》；吴艳、杨予、李潇鹏的《时装画技法入门与提高》；王胜伟、程钰、孙路苹的《服装缝制工艺基础》。

本系列丛书在编写工作中还得到了王巧老师、王小萌老师、张婕设计师、张鸣艳老师以及徐倩蓝、韩可欣、于舒凡、曲艺彬等同学的大力支持与帮助。她们都做了很多具体的工作，包括收集资料、联系出版、提供专业论文等，在此表示感谢。

尽管在编写书稿的过程中我们非常认真努力，多次修正校稿再改进，但本系列丛书中也一定还存在不足之处，敬请广大读者提出宝贵的意见，便于我们再版时进一步改进。

苏州大学艺术学院教授、博导　李正

2020 年 8 月 8 日　于苏州大学艺术学院

前 言

如果把服装比作建筑的话，那么时装画就是建筑的设计蓝图。它借助绘画的形式，直观地展现设计者的创作理念、设计构思以及服装的造型、结构、色彩、材质等方方面面，表达丰富多样的服饰时尚和审美内涵。

时装画的表现技能是服装设计师必须掌握的专业技能之一。绘制时装画是设计服装的一个重要环节，也是表达服装设计师意图的最佳方式。时装画有着独特的个性与特点，它具有服装设计表达语言与绘画艺术性表达的双重属性。作为服装设计的表达形式，其属于设计艺术的范畴；而作为服装艺术绘画来认定，其又属于绘画艺术审美的范畴，并且会特别强调艺术美感的属性。

时装画是画穿着于人体之上的服饰，学好时装画必须掌握人体结构基本知识，因此本书从人体结构基础开始讲起。对于服装设计师而言了解人体是画好时装画的第一步，特别是人体的动态造型美感。设计师要有很强的艺术感受，要善于学习人体动态变化的规律，练好人体动态速写。如果设计师对于人体知识不够熟悉，那么绘制出的时装画必定会出现动态不协调、表达不准确等错误现象。

关于时装画写实与夸张的表现手法因人而异，可以根据自己的造型习惯来进行设计，只要能很好地表达出设计师的意图就是好作品。很多设计师、时装画家为了表达人体的美感，或者为了夸张服装的特点与风格，在时装画中有意地夸张人体的比例，夸张服装的造型，或者夸张人体的动态等，这些都是时装画中常见的一种艺术形式。特别是夸张人体的颈部、腿部的长度更是时装画中的一种常规表达形式。

本书由吴艳、杨予、李潇鹏编著。第一章、第九章由李潇鹏编著；第二章、第三章、第四章由杨予编著；第五章、第六章、第七章、第八章由吴艳编著。全书由李正教授统稿。另外，苏州高等职业技术学校的杨妍老师、苏州大学的唐甜甜和王巧老师、苏州市职业大学的张鸣艳老师，苏州大学艺术学院的研究生徐倩蓝、张嘉慧、李晓宇、王胜伟、徐文洁、孙欣晔、夏如玥、杨敏等，苏州大学艺术学院的本科生王佳音、李慧慧、吴娇娇等，她们都积极地为本书提供了大量的图片资料，同时也花费了大量的时间和精力。在本书的编著过程中还得到了苏州大学艺术学院、苏州大学艺术研究院、湖州师范学院艺术学院、苏州市职业大学艺术学院以及苏州高等职业技术学校的领导和相关教师的支持。

在编著本书的过程中，我们力求做到精益求精、由浅入深、从局部到整体、图文并茂、步骤翔实、易学易懂、突出时装画技法的系统性和专业性。但是，受时间和水平的限制，加之科技、文化和艺术发展的日新月异，时尚潮流不断演变，书中还有一些不完善的地方，恳请专家、读者对本书存在的不足和偏颇之处能够不吝赐教，以便再版时修订。

编著者

2020 年 9 月

目录

目 录

目 录

第一章
绪　论

简要地说，时装画是指以时装作为表现主体，注重展现人体着装后的气质和效果，兼具一定艺术性和工艺技术性的一种特殊形式的画种，是服装设计的外化表现形式之一。

时装画作为服装设计专业的基础技能，不仅是设计师对自身设计意念的直接表达，也是设计师跟制版师之间沟通的桥梁，并且时装画在服装从设计理念转变到成衣制作这一过程中也起着重要的推动作用。最初的时装画只是表现为一种绘画手段，但随着其表现形式的增多和受众的文化观念不断更新，现在时装画已经被广泛应用于艺术、广告、传媒等各个领域，并向更为宽泛的领域发展。

如今的时装画已经慢慢地演变成一种艺术风格，设计师可以通过时装画来展现其设计灵感，插画师也可以通过时装画来表达其艺术审美。随着科技的发展，时装画的绘制工具越来越多样化，其表现形式也在不断创新。作为服装设计的专业人才，有需要且有必要掌握不同类型的时装画表现技法。本书将从不同类型时装画的绘制方法、多样的绘制材料和工具等方面详细地介绍时装画的表现技法，对时装画表现技法进行系统、全面的讲解（图 1-1、图 1-2）。

图 1-1　彩铅时装画

图 1-2　电脑时装画 1（作者：徐倩蓝）

第一节　时装画概述

一、时装画的概念

从定义上看，时装画是指以绘画为基本手段，通过丰富的艺术处理方法来体现服装设计的

图 1-3　手绘时装画
（作者：程清杨）

造型和整体气氛的一种艺术形式。时装画作者把自己的设计意图通过人物造型、时装款式、时装色彩有效地在纸面上完整地表现出来，因此从某种程度上来说，时装画与绘画艺术有一定的共同语言（图 1-3）。

时装画是时装设计的载体，时装画作者的设计灵感及其使用的表现方式会直接影响到时装画的风格和氛围；同时，时装画也是时装设计最初的检验依据，是艺术和技术的和谐统一。与其他绘画形式相比，时装画的绘制不仅要表现其艺术特色，也要考虑到设计在技术上的可实现性。

二、时装画的历史与发展

（一）时装画的产生

自古以来，时装就是人们乐于表现的素材。在人类文明发展的最初阶段，时装就已经伴随着社会文化而出现，有其独特的形式美。时装画的出现晚于时装，在人类形成自身的审美之后才有所发展。最初时装画的产生要追溯到 16 世纪的欧洲，当时上流社会的生活需要丰富多彩的时装艺术作为点缀，时装画便由此产生了。

由于印刷技术的不发达，早期的时装画只限于版画形式。后来经过漫长的历史演变，并伴随着报纸杂志出版的繁荣，使时装画艺术成为时装信息传播的主要形式之一。

（二）时装画的发展

16 世纪 30 年代至 17 世纪初，就有超过 200 幅表现时装主题的版画、蚀刻画、木刻画等，这些就是早期时装画的表现形式。当时最出名的一副时装画出自艺术家 Cesare Vecellio 之手，其中展现了从欧洲到土耳其的 420 多套服装。

17 世纪 70 年代，最早的时尚类刊物《Le Mercure Galant》在法国诞生，其内容以插画及文字的形式记载着当时法国上流社会女性的新潮衣物与搭配方式。也正是因为这本刊物的流行，法国女性的穿衣风格得到广泛传播，开始逐渐影响整个欧洲（图 1-4）。

图 1-4　最早的时尚类刊物
《Le Mercure Galant》封面

18 世纪末至 19 世纪初，德国成为出版业的重镇，越来越多的出版物开始报道时尚，时装插画也获得了更广阔的舞台。正如莫奈的名作《花园里的女人》一样，印象派画家们也开始热衷于描绘女性穿着不同时装的形象。

19 世纪，摄影的诞生一度促使时装插画的大面积消亡。早期的摄影家们照着插画里的款式和动态获取灵感，采用直观的摄影图片来表现时装形象，时装摄影逐渐取代了时装画在时尚杂志中的主导地位。

虽然受到了很大影响，但时装画并没有因为摄影技术的进步而消失，20 世纪 60 年代美国服装报纸《W.W.D》大量采用时装画家制作的插图，为时装画的发展起到了推动作用。

20 世纪是时装画艺术的鼎盛时期，包括《BAZZAR》《VOGUE》等高端时尚杂志都大量采用时装画作为杂志插图或封面，培育了大量专业的时装插画家（图 1-5）。

今天，数字媒体技术在时装画领域广泛应用，在技法表现、效果制作上日臻成熟，为时装画艺术的发展提供了新的契机。越来越多的人已经领略到时装画带来的艺术魅力：它一扫摄影图片单一、冷漠的表现形式，通过丰富多彩的画面渲染，带给了人们更多的想象空间。另外，设计师的加入也进一步增强了时装画的艺术丰富性。在我国，也有越来越多的时尚杂志开始刊登时装绘画作品，形成了独特的东方魅力（图 1-6）。

图 1-5 《VOGUE》杂志早期封面

图 1-6 马克笔时装画 1（作者：程清杨）

第二节　时装画的性质和特点

一、时装画的性质

时装画具有双重性质：艺术性和工艺技术性。

（一）艺术性

以绘画形式出现的时装画，脱离不了艺术的形式语言。对于时装来说，它本身就是艺术的完美体现。而时装画作为时装的表现形式之一，也需要通过不同的创作方式和相应的材料来突出其艺术性、审美性（图 1-7）。

图 1-7　水彩时装画 1（作者：谷泽辰）

（二）工艺技术性

时装画的工艺技术性是指时装画不能脱离以人为基础并受制于服装制作工艺制约的特性。因为服装最终是要生产出来并供人穿着的，所以在通过绘制时装画设计服装的过程中，除了天马行空的创意，也需要考虑服装的设计是否满足成衣制作工艺的基本条件，以及生产出来之后穿着于人体身上的实际效果。

二、时装画应具备的特点

尽管在时装设计的流程中，绘制时装画只是一个小环节，但却是不可或缺的。在设计前期进行的所有工作，对信息分析整合以及创造性的发散思维，都需要借助纸面上的具体形象传达出来。可以说，这是将抽象思维转化为具体形象的关键一步，是设计师与消费者、设计师和制版师沟通的桥梁，也是后续工作顺利展开的保证。

时装画从最初的形式发展到今天，它与传统的人物画、风俗画以及新兴的商业插画，既有密不可分的联系，又有其自身的独特性。

好的时装画，应具备以下特点。

（一）针对性

在传世的名画中有许多人物形象衣着光鲜亮丽，但这些作品都不能称为时装画，因为在这些画作中服装仅仅是作为人物的附属品而存在的。而时装画是专门为表现时装或者时尚生活方式而创作的，表现的是人的着装状态，人和服装都是画面的主体（图 1-8）。

（二）时尚性

时装画和时尚紧密相关，它不仅要反映出当下人们的着装品位，更要反映出当前社会的政治、经济、文化背景和审美观念。捕捉流行信息、发掘流行规律、预见新流行的到来，并将这些内容在时装画中体现出来，是设计师应该具备的专业素养（图 1-9）。

图 1-8　水彩时装画 2（作者：李慧慧）

图 1-9　马克笔时装画 2（作者：吴艳）

（三）艺术性

时装画在为设计服务的同时，也将绘画语言作为表现形式。笔触、线条、色彩、肌理甚至是人物形象，都应该具有设计师的自我风格。不论是自己逐步摸索，还是广泛借鉴，时装画所呈现出来的艺术性，正是设计师审美修养的体现（图 1-10）。

图 1-10　马克笔时装画 3（作者：吴艳）

（四）应用性

不论时装画采用的是何种工具、何种风格，都要明确一点：时装画是以时尚产业为依托的，除了装饰性的时尚插画，大部分时装画所展现的服装都是可实现制作的。这就要求设计师对服装有足够的了解，避免在画面上出现无法制作的服装，或是服装结构与人体结构相冲突等问题（图 1-11）。

图 1-11　电脑时装画 2（作者：夏如玥）

第三节 时装画的类别

目前，时装画越来越受到重视，它的功能不断扩大，形式也不断增多。最初时装画主要是作为服装设计效果图，后来在时尚广告、服装宣传，以及杂志插图等方面大放异彩，从一种制图发展为一种艺术形式。

根据时装画的具体用途和表现形式可以将其分为以下几类。

一、设计草图

设计草图是指服装设计师在较短的时间内，根据自己的设计灵感所创作的初步设计方案。一般来说，在正式绘制服装设计效果图之前，设计师勾画的所有设计构思图稿都属于设计草图。

服装设计草图对工具没有特殊的规定，可以在任何时间、任何地点用任意的工具绘制。这一阶段的草图通常不要求画面的完整性，而是抓住服装的某一些特征进行描绘，表现设计师的设计意图与构想（图 1-12）。

图 1-12 服装设计草图

二、服装效果图

设计师将所构思的服装产品全貌，根据自己的设计构想，生动形象地绘制出来的作品就是服装效果图。服装效果图强调服装造型的视觉效果，注重人体穿着服装时的形态感及细节描写，同时相对弱化服装结构和制作工艺的交代。

为了营造良好的视觉效果，服装效果图的画面一般都比较完整，包涵了从头发、妆容到服装再到鞋及配饰等所有内容，同时也很注重构图和色彩的搭配。服装效果图的呈现没有一个统一的标准，它的风格也是多样的，不同的设计师有不同的艺术表达（图 1-13）。

三、款式效果图

款式效果图和服装效果图虽然都属于效果图，但两者有根本上的差别。如果说服装效果图强调的是艺术性，那么款式效果图强调的则是工艺技术性。

款式效果图注重服装结构和工艺的表达与交代，强调工厂生产工艺的指导性。这类效果图会清晰地绘制出服装款式的轮廓与工艺细节，必要时还必须对服装的结构、面料辅料、制作要求等进行详细的说明，是最接近“成衣效果”的时装画形式。款式效果图具有一定的规范，是企业与设计师常用的表现手法之一，也是制版师进行制版工作的重要依据（图 1-14）。

图 1-13　服装效果图　　图 1-14　款式效果图

四、服装款式图

服装款式图一般包含正面和背面，是具有款式细节的平面图，并且在服装款式图上一般会注明服装的版型、比例、结构和工艺说明等细节。服装款式图强调的并非是艺术效果，而应该强调准确性，因为它是制版师制作纸样的重要依据。

服装款式图分为两种：手绘款式图和电脑绘制款式图。

手绘款式图能直接、快速地表达款式特点。一般设计师都会在手绘款式图上写上基本的信息，如面料、拉链和工艺等（图 1-15）。

电脑绘制款式图是用绘图软件绘制的款式图，在比例、细节和版型等方面比手绘款式图更加准确。随着科技的快速发展，很多设计师都选择使用电脑绘制款式图，不仅修改方便快速，还能提高工作效率（图 1-16）。

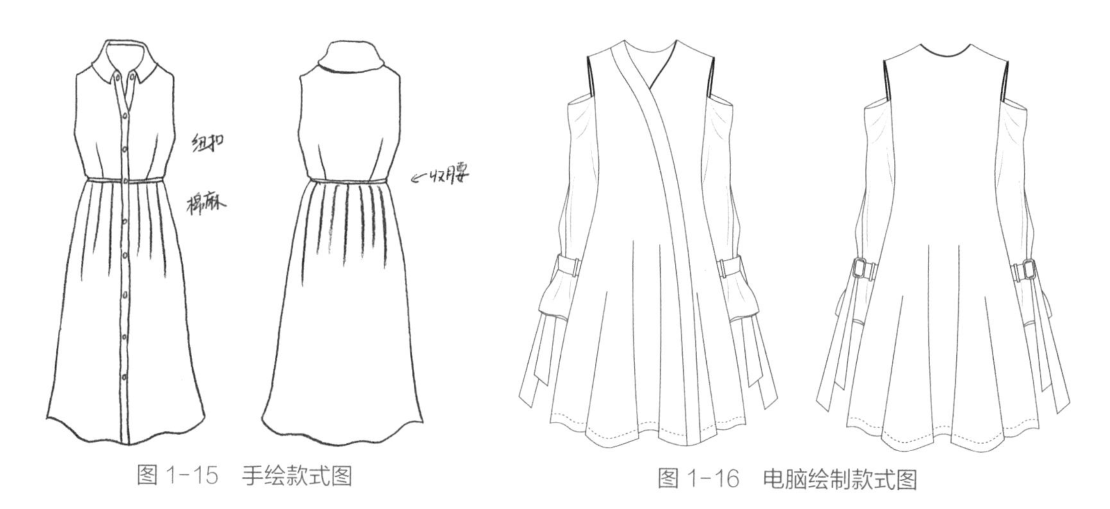

图 1-15 手绘款式图　　图 1-16 电脑绘制款式图

为了使设计意图更加明确清晰，很多时候设计师在款式图中会选择色调反差较大的颜色来区分用料部分，不一定要用真实面料的颜色来区分。

五、时装插画

时装插画是另一种时装画的表现形式，它更注重艺术性，或是表现一种感觉，或是一种视觉享受。在时装插画中，设计师将人物的各种形态与服装的流行性和时代精神相结合。时装插画很多时候需要更高的完成度与审美水平，通常运用在品牌宣传、画册、杂志、详情页或其他商业用途中（图 1-17）。

图 1-17 时装插画（作者：孙嘉悦）

第二章
时装画的常用工具

绘制一幅时装画，首先要了解其绘制工具的分类、特性，以及不同工具的具体作用。想要呈现出不同效果的时装画，所需要的工具和技法也都不一样。熟悉时装画所需要的绘图材料，可以帮助时装画作者更好地诠释设计，突出时装的设计特征，体现时装的材质和款式，使时装的设计更好被理解。

时装画的常用工具很多，大体上可分为传统的纸绘基本工具和现代数码绘画工具两类，本章将分别介绍这两大类中较常用的一些工具。

第一节　传统纸绘基本工具

一、常用纸张介绍

（一）马克笔专用纸

马克笔墨水渗透力较强，若在普通绘图纸上作画，墨水很容易渗透到纸张背面，因此，最好选择马克笔专用纸。马克笔专用纸不同于一般纸张，它的表面附有一层蜡，可以减少马克笔与纸之间的摩擦，易于表现马克笔利落的笔触感，同时可以减少马克笔笔尖的损耗（图 2-1）。

（二）白卡纸

在用彩铅绘制时装画时，由于彩铅的铅末颗粒较大，而且很多细节需要深入刻画，会在纸上反复进行涂抹，如果纸太薄很容易划破，因此推荐使用较厚的白卡纸（图 2-2）。

图 2-1　马克笔专用纸

图 2-2　白卡纸

（三）水彩纸

根据密度的不同，水彩纸可以分为粗纹、中粗纹和细纹三种，不同密度的水彩纸所具备的吸水性和耐水性也不同。根据蓄水性和需求不同，水彩纸又分为棉浆纸和木浆纸两种，需要大面积铺水或者采用湿画法时，棉浆纸比较适合，相反则适用木浆纸（图2-3）。

图2-3　水彩纸

二、常用画具介绍

（一）笔类工具

1. 马克笔

马克笔是一种绘画专用的绘图彩色笔，因其绘画速度快、表现效果好而被广泛使用。马克笔本身含有墨水，且通常附有笔盖，笔头有软硬之分，可以绘制出多样的画面效果。

目前市面上常见的马克笔有两种：酒精性马克笔和水性马克笔。在绘制时装画时，可以根据画面需要的感觉而选择相应的马克笔。

酒精性马克笔的优点是防水、快干、易叠色、混色效果好、颜色鲜艳、色彩饱和度高（图2-4）。

水性马克笔的优点是不刺鼻、色彩饱和度较低、颜色相对优雅自然（图2-5）。

图2-4　酒精性马克笔

图2-5　水性马克笔

2. 勾线笔

在绘制时装画线稿的过程中，如果要想画出有粗细变化的线条，或是需要分清衣服的层次结构时，就需要用到勾线笔。勾线笔有硬头勾线笔和软头勾线笔之分，前者适合勾勒工整笔直的线条，后者适合勾勒具有一定力度变化、有粗细之分的线条。在时装画中常用的勾线笔是软头毛笔，主要分为极细、细字、中字、大字和毛笔中字五种。勾线时需要控制好手腕的力度，以保持线条的流畅，绘制出的线条效果类似小楷（图 2-6）。

图 2-6　软头勾线笔

3. 纤维笔

在绘制时装画时，通常把马克笔和纤维笔搭配使用。纤维笔的笔尖较细，适合绘制时装的细节部分，同时，纤维笔画出来的画面具有一定的肌理感，可以很好地弥补画面上马克笔处理不到的细节的问题（图 2-7）。

4. 针管笔

在绘制时装画时常常会用到硬头针管笔，针管笔有粗细之分，可以用于轮廓和细节的处理。常用的针管笔主要有黑色和棕色两种，一般棕色针管笔多用于勾勒人体轮廓，黑色针管笔多用于勾勒服装轮廓（图 2-8）。

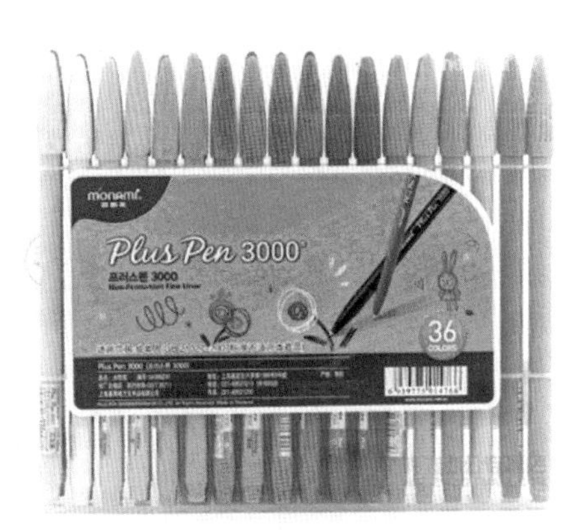

图 2-7　纤维笔

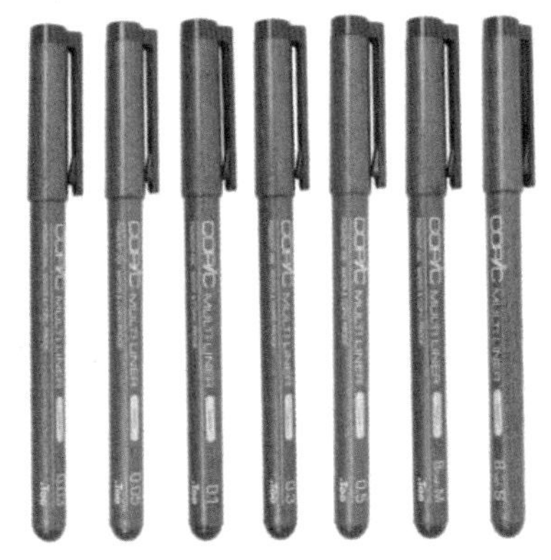

图 2-8　针管笔

（二）彩铅类工具

1. 彩铅

彩铅（即彩色铅笔）是手绘学习者最容易接受的一种绘制工具，笔芯偏硬，易掌控。目前市面上常见的彩铅有两种：水溶性彩铅和油性彩铅。

水溶性彩铅的优点是可以根据水量的多少来控制整体的色彩感觉，形成水彩晕染的画面效果（图 2-9）。

油性彩铅的优点是色彩饱和度较高、显色度较好，但颜色相对单一，不能和水相溶（图2-10）。

图2-9　水溶性彩铅

图2-10　油性彩铅

2. 自动铅笔

在绘制时装画线稿时，通常使用自动铅笔进行线稿的绘制。不同型号的自动铅笔，画出来的线条粗细不同，适合绘制的部分也不同。目前市面上常见的自动铅芯主要有几种规格：0.3mm、0.5mm、0.7mm、0.9mm、1.3mm、2.0mm，在时装画中常用的是前两种（图2-11）。

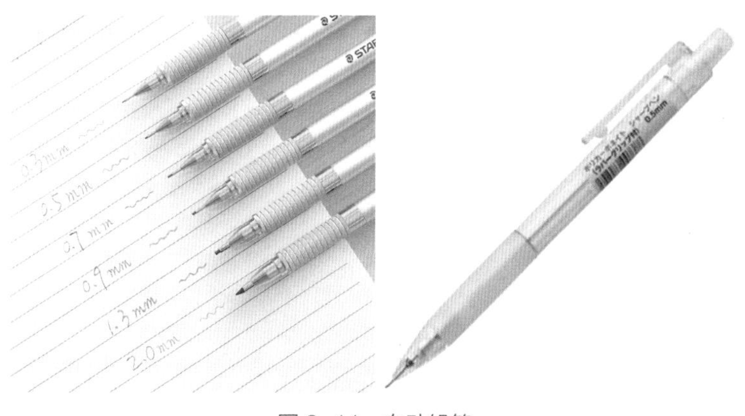

图2-11　自动铅笔

0.3mm 的铅芯较细，画出来的线条比较浅，适合绘制时装画的草稿，或者用于处理时装的细节。

0.5mm 的铅芯相对粗一些，画出来的线条适中，适合描绘确定的线，比如时装画的线稿、人物轮廓等。

3. 硬质橡皮

硬质橡皮主要用于线稿的调整，擦掉多余或者错误的部分，可以购买方形或笔形的橡皮（图 2-12）。

4. 可塑橡皮

可塑橡皮比较软，可以随意捏造型。在擦拭的过程中，可以根据要擦地方的面积大小塑造形状，还可以大面积擦虚线条，使画面效果更丰富（图 2-13）。

图 2-12　硬质橡皮

图 2-13　可塑橡皮

5. 卷笔刀

在彩铅的使用过程中，经常需要削铅笔，因此需要准备耐用的卷笔刀（图 2-14）。

图 2-14　卷笔刀

（三）水彩类工具

1. 水彩颜料

水彩颜料是时装画的常用表现工具之一，目前市面上比较常见的水彩颜料主要分为固体水彩颜料和管状水彩颜料。水彩颜料的色彩明度高，易于调和，容易表现叠加的效果，让画面看起来通透、润泽。在时装画表现过程中，水彩颜料可以和不同程度的水稀释调和成想要的颜色

（图 2-15）。

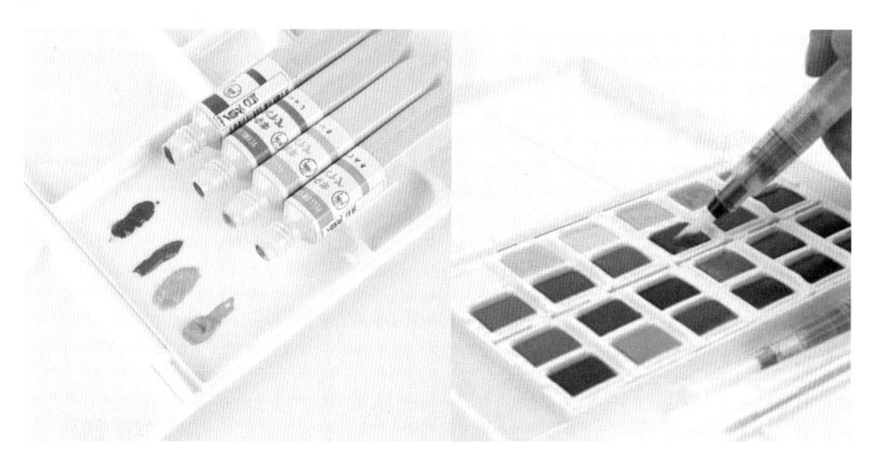

图 2-15　水彩颜料

2. 水彩毛笔

水彩毛笔最重要的是笔刷的材质、弹性、蓄水性，以及笔刷的形状，貂毛类水彩笔是最佳的选择，笔毛既能含水又具有弹性，既可以大面积铺色又可以绘制细节，但价格比较昂贵（图 2-16）。

3. 调色盘

在绘制水彩或水粉时装画时，需要准备一个调色盘。在调色的过程中，要注意不要串色，一个颜色一个区域。对于初学者，比较推荐使用仿陶瓷波浪纹的调色盘，比较轻便，同时能装很多种颜色（图 2-17）。

图 2-16　水彩毛笔

图 2-17　调色盘

（四）其他画材

1. 水粉颜料

在时装画中，水粉颜料只是起辅助作用，比如某些局部或者细节需要加强对比和层次感时，才会用上一点水粉颜料，因为水粉颜料具有覆盖力，配合水彩使用，能让画面更加完善（图 2-18）。

2. 高光笔

高光笔能起到画龙点睛的作用，在手绘效果图中，适当地点缀一些局部的、范围较小的高光，能让画面更逼真、鲜活（图 2-19）。

图 2-18　水粉颜料

图 2-19　高光笔

3. 高光墨水

高光墨水和高光笔的使用方法一样，但高光墨水更适合用于画大面积的白色，或者需要画不同大小的高光形状（图 2-20）。

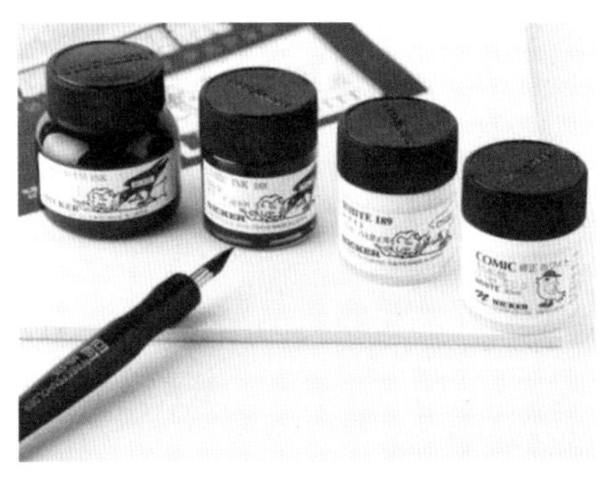

图 2-20　高光墨水

4. 勾线墨水

在用水彩绘制时装画时，如果直接用水彩颜料勾勒线稿的边缘，就会被后面上色的水分晕染，使画面看上去略显粗糙，因此在勾线的时候一般会选择专门的防水勾线墨水，勾完线稿后再上色，这样线稿的轮廓和衣服的层次都很清楚（图 2-21）。

5. 水桶

在用水彩或水粉颜料绘制时装画时，需要准备一个方便的小水桶用于洗笔。考虑到便携性，可以购买可折叠的橡胶水桶（图 2-22）。

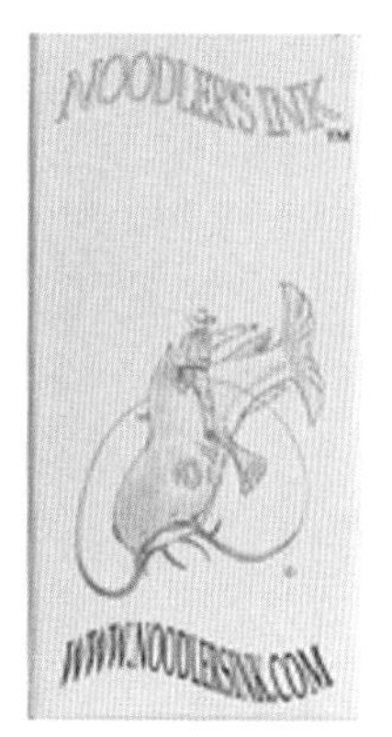

图 2-21　勾线墨水

图 2-22　水桶

6. 笔帘

作为时装画绘画工具的水彩笔或毛笔的笔头是用毛制作的，若不好好保护，很容易损伤笔尖，因此需要准备一个装笔的笔帘或者笔袋（图 2-23）。

7. 直尺

最开始练习时装画的时候需要准备一把 30cm 以上的直尺，以便于在 A4 纸上找到相对应的人体比例位置，确认人体高度、头部大小、胸腔尺寸、胯部宽度、膝盖位置等（图 2-24）。

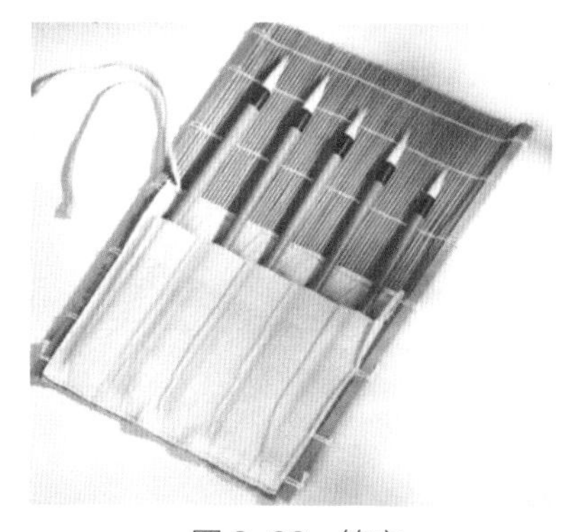

图 2-23　笔帘

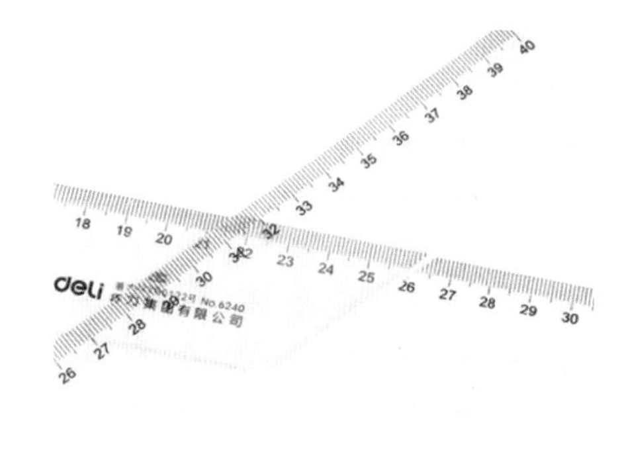

图 2-24　直尺

三、常用工具表现技法

（一）马克笔的基本表现技法

马克笔是时装画最常用的工具之一，使用起来虽然便捷、高效，但局限比较明显。首先，马克笔的笔触变化较少，即便是软笔尖也不像水彩笔能绘制出多变的笔触；其次，马克笔的混色效果较弱，无法用较少的颜色调和出多种色彩，单一色彩的深浅变化也不够明显。想要表现出丰富的画面效果，对笔触的控制就极为重要。

以下为马克笔的几种主要技法。

1. 平涂

平涂是所有绘画种类中最为基础的技法，在马克笔中也不例外，但马克笔受限于笔尖的宽度和材料的特性，无法绘制出极为平整的色块，而是会留下笔触衔接的痕迹，这也是马克笔的特色之一（图 2-25）。

2. 排线

用马克笔排线并不能形成细密的色调，而是指笔触根据一定的秩序排列，笔触之间留出些许空隙，这种方法可以用于亮处的留白，也可以用于露出下方的底色（图 2-26）。

3. 叠色

马克笔叠色分为同色叠色和异色叠色。同色叠色次数越多，颜色越深，可以表现出明暗变化效果。异色叠色可以用来调和色彩，两层或三层颜色相叠，呈现出调和性的复色，但重叠的次数不宜过多，否则会使马克笔失去透明感（图 2-27）。

图 2-25　平涂

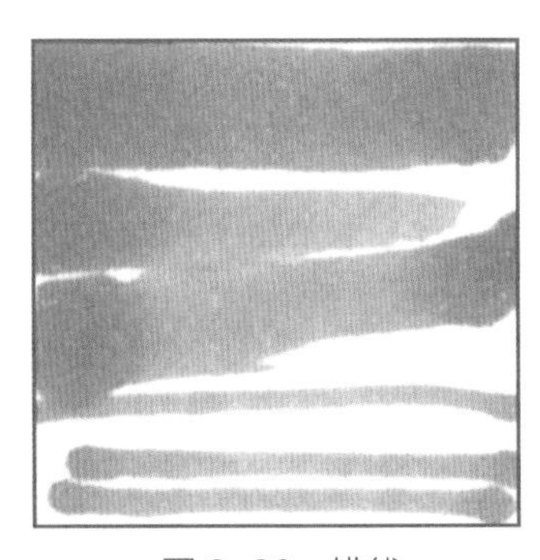

图 2-26　排线

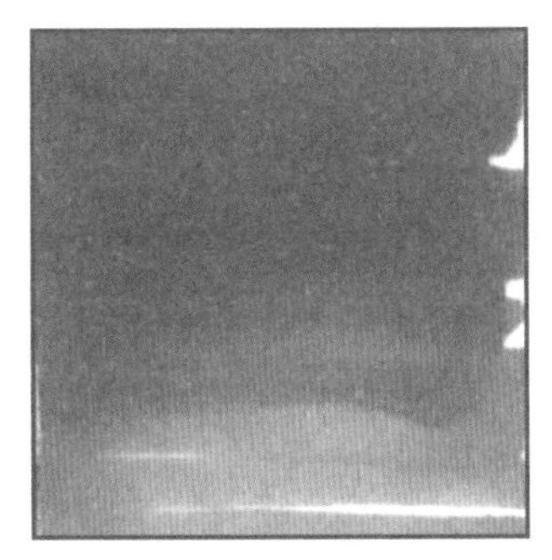

图 2-27　叠色

4. 勾线

马克笔在勾线方面颇具优势，尤其是尖头马克笔，既能迅速绘制出均匀流畅的线条，又能通过控制用笔力度绘制出具有粗细变化的线条（图 2-28）。

5. 转笔

马克笔笔头的粗细是固定的，通常以直排的笔法为主，因此可以通过转笔的方式来改变笔触的宽窄，形成不同的效果（图 2-29）。

6. 与彩铅混合使用

马克笔和彩铅混合使用，可以使画面效果更加完善。在进行服饰绘制时，彩铅可以通过涂抹、排线、涂点等方式与马克笔进行肌理叠加，增加画面的艺术感染力；也可以用来绘制拉链、接缝线等细节（图 2-30）。

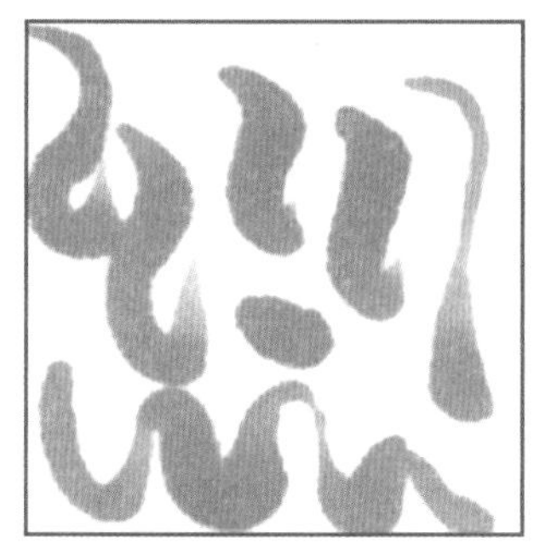
图 2-28　勾线

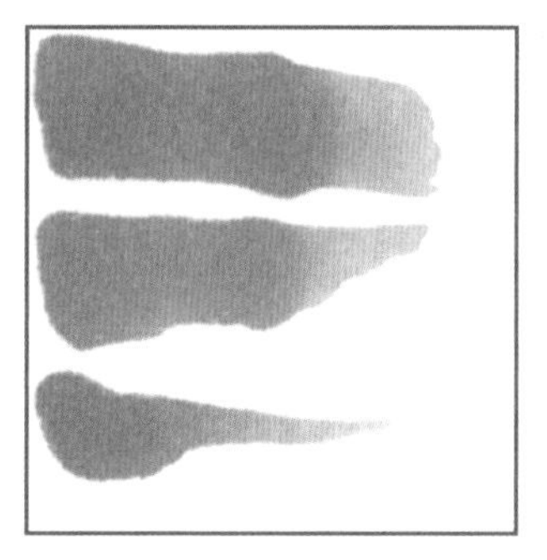
图 2-29　转笔

图 2-30　马克笔与彩铅混合使用

7. 与水彩混合使用

在马克笔时装画中，可以使用水彩进行大面积渲染来铺设底色，再用马克笔着色进行强调；也可以用水彩在马克笔上进行渲染或罩色（图 2-31）。

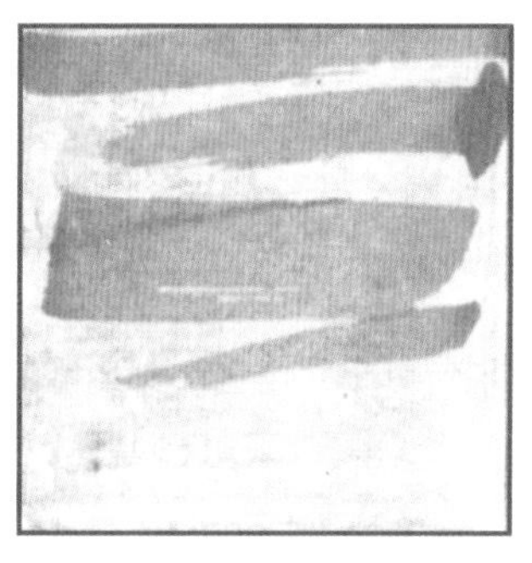
图 2-31　马克笔与水彩混合使用

（二）彩铅的基本表现技法

彩铅是初学者比较容易掌握的一种工具，其笔触细腻，叠色自然，通过对用笔力度和行笔方式的控制能够描绘出精确的细节，而且可以用橡皮进行一定的修改。彩铅的笔触可以规则排列，也可以自由变化，因其笔触感觉和铅笔极为相似，表现技法可以借鉴素描技法，如涂抹、排线等。

以下为彩铅的几种主要表现技法。

1. 平涂

平涂是彩铅最基础的表现技法之一，运用彩铅均匀地排列出方向一致、衔接紧密的线条，达到色彩一致的效果（图 2-32）。

2. 渐变

渐变是通过控制用笔力度来实现画面效果的一种表现技法，先铺一层底色，再在底色的基础上再上一层力度重一点的线条，两者之间有交叉的部分，以此来营造渐变的效果。同种色彩渐变的称之为单色渐变，两种不同色彩的渐变称为双色渐变（图 2-33）。

图 2-32　平涂

图 2-33　渐变

3. 叠色

彩铅的叠色可以分为邻近色的叠加和对比色的叠加。邻近色叠色是指将色相相近的颜色叠加在一起，过渡自然，视觉上会使画面颜色更加丰富，比如红色和橙色。对比色叠色是指将反差强烈的颜色叠加在一起，会使画面异常醒目，比如红色与绿色。对比色叠色不宜使用过度，否则会使画面异常杂乱（图 2-34）。

图 2-34　叠色

4. 排线

彩铅的排线和铅笔的排线类似，主要有横排、竖排、斜排、交叉排线几种，在排线时注意控制用笔力道和方向即可（图 2-35）。

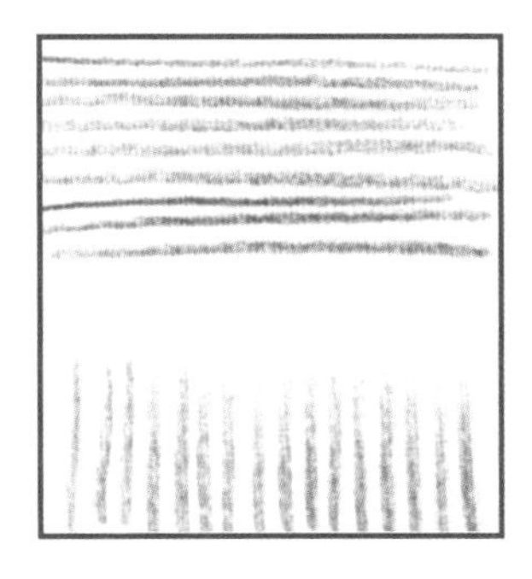

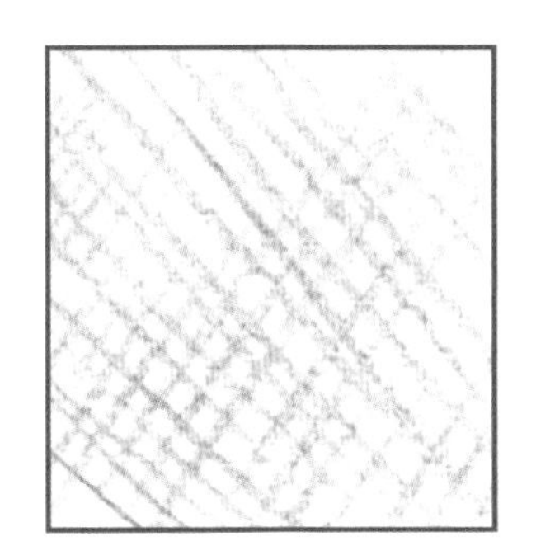

图 2-35　排线

5. 勾勒

彩铅的笔尖较硬，在勾勒轮廓和图案时具有较大优势，可以很精确地绘制出对象的细节，达到令人满意的效果（图 2-36）。

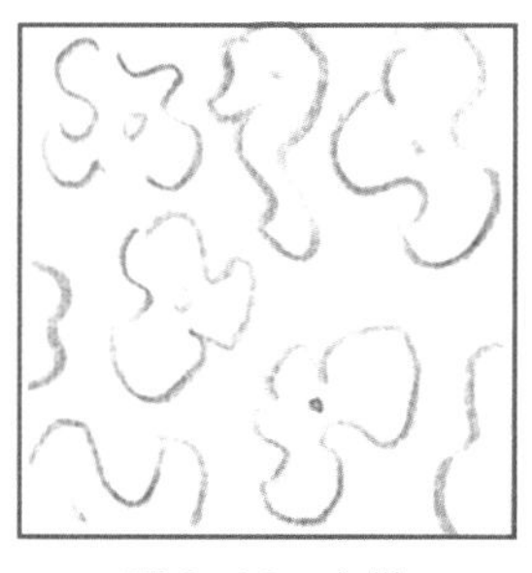

图 2-36　勾勒

（三）水彩的基本表现技法

水彩的表现效果受到工具和表现技法的影响非常大，不同的颜料、纸张、画笔会产生不同的效果，不同的运笔方式、行笔速度、水量控制以及媒介的使用，都会进一步丰富画面的变化。

水彩的表现技法主要涵盖三个方面。

1. 用笔

借助笔尖形状和笔尖弹性，依靠笔锋角度和行笔方式，对笔触进行控制（图 2-37）。

图 2-37　用笔

2. 用水

通过对水分的增减来控制颜色的深浅浓淡、过渡融合方式及笔触的干湿变化等（图 2-38）。

3. 制作肌理

这一点能极大地反映出水彩技法的自由灵活，借助媒介剂和各种材料，画面能产生非常特殊的质感和效果（图 2-39）。

图 2-38　用水

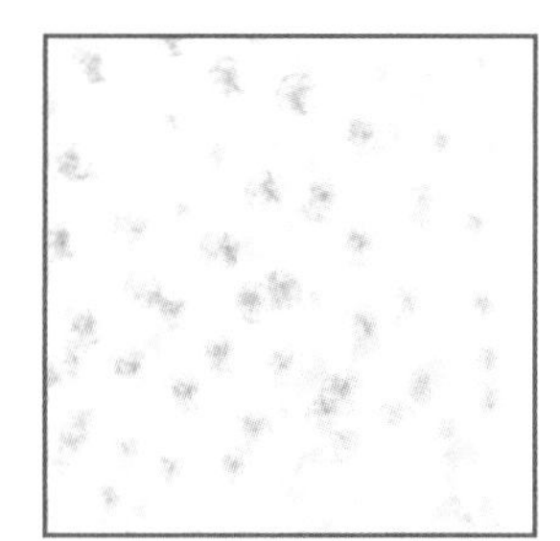

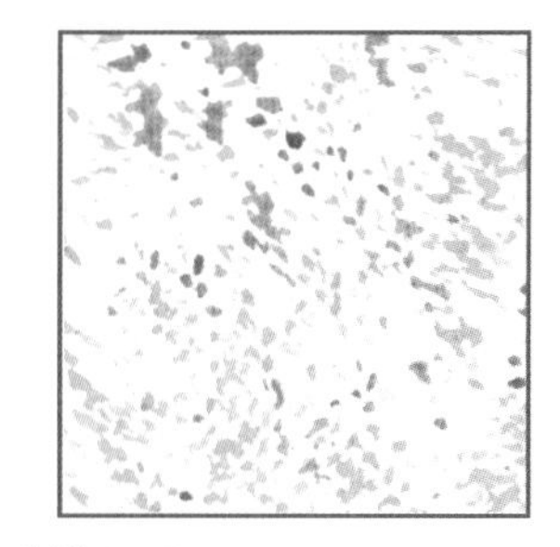

图 2-39　制作肌理

第二节　现代数码绘画工具

社会的高速发展，科技的日新月异，使得数码设计逐渐成为主流设计方法之一。目前，数码绘画已经涉及各行各业，包括服装设计、广告设计、环境艺术设计、建筑设计、工业设计等专业领域。对于时装画来说，数码工具的介入并不会使传统的手绘时装画消亡，相反，通过数码绘画工具的辅助，可以使时装画的创作更丰富，传播更广泛。

一、基础数码绘画必备工具

“数码绘画”顾名思义就是利用数码设备和软件作画，例如电脑、数位板或平板电脑 iPad 等电子设备，因此在绘制数码时装画之前，需要准备一些必备的基础工具。

（一）电脑

电脑是最常见的数码绘画基础工具之一，从传统的台式机到新型的笔记本、一体机、迷你手提电脑等，使用者可以根据自己的需求配置电脑性能，便于安装使用各种绘画软件（图 2-40）。

图 2-40　电脑

（二）数位板

数位板又名绘图板、手绘板，是计算机输入设备的一种，通常是由一块电子板和一支压感笔组成，它可以模拟各种各样的传统笔刷效果，并且调节不同的压感来控制线条的粗细轻重，同时还可以利用电脑的优势，作出传统工具无法实现的效果。市面上的数位板品牌众多，读者可以根据自己的实际需要进行选择（图 2-41）。

（三）平板电脑 iPad

iPad 是苹果公司于 2010 年开始发布的平板电脑系列，需要搭配 i-pencil 等电容笔进行作画，作画流畅，便于携带，逐渐成为很多设计师的选择（图 2-42）。

图 2-41　数位板

图 2-42　iPad

二、数码绘画常用软件

（一）Photoshop

Adobe Photoshop 简称 PS，是 Adobe Systems 公司开发和发行的图像处理软件之一。PS 主要处理以像素构成的数字图像。它有很多功能，在图像、图形、文字、视频、出版等各方面都有涉及，同时还可以外挂其他处理软件和多种输入、输出设备。它可以无限制地进行图片编辑，数十次的撤销和恢复，为设计者的修改过程提供了方便。PS 也为时装画作者们提供了便利，它的许多工具可以辅助时装画的绘制，利用画笔工具中各种不同的笔刷，可以得到想要的不同效果（图 2-43）。

（二）Illustrator

Adobe Illustrator 简称 AI，是 Adobe Systems 公司开发和发行的图像处理软件之一。它的功能很强大，整合了矢量绘图工具、完整的 postscript 输出，并和 PS 或其他 Adobe 公司的软件紧密结合，不但提高了打开、存储及显示图形等操作的速度，并且新增了很多好用的工具，如 3D 功能。AI 是一套前所未有的矢量图形设计工具，利用这个软件可以给服饰图案的设计，时装效果款式图的绘制等带来很多便利（图 2-44）。

（三）Painter

Painter 又称自然笔，是电脑图形软件中非常优秀的软件之一。其非凡的作图功能、庞大的绘图工具箱、眼花缭乱的变形、着色效果和滤镜效果使其作品极富艺术创造力和感染力。Painter 配备了众多的纸张效果选择，并且可以自定义任何画笔，再结合不同的笔刷、蒙版及滤镜，可以产生任何一种绘画工具的视觉效果与肌理。

但作为一种绘图软件，Painter 在使用上有所不足。它需要通过鼠标或压感笔在数位板上的移动和屏幕的捕捉来生成图形，这将使绘制的过程变得更加复杂化（图 2-45）。

图 2-43　PS 软件

图 2-44　Illustrator 软件

图 2-45　Painter 软件

（四）SAI

SAI 是绘图软件 Easy PaintTool SAI 的简称，是由 SYSTEAMAX Software Development 开发的。与其他的绘图软件相比，SAI 在功能设置上更具人性化，它的画板可以任意旋转、翻转画布、缩放时反锯齿，同时还配有强大的墨线功能，可以与手绘板极好地兼容，为用户提供一个轻松绘图的平台。正是因为这种操作的便利性，该软件多用于数字插画家和 CG 原画爱好者，在时装设计绘画中也会涉及（图 2-46）。

图 2-46　SAI 软件

三、数码绘画软件中的常用工具

在学习数码绘画软件进行时装画效果图绘制之前，必须先了解软件中的常用工具及其基本操作，下面就对最常用的 Photoshop 和 AI 软件中的常用工具进行讲解。

（一）Photoshop 中的常用工具

1. 选择工具

选择工具包含了矩形、椭圆、单行、单列选取工具。选择该类工具后，在图像上拖动鼠标可以确定该形状的选区（图 2-47）。

2. 移动工具

选择该工具后拖动鼠标，可将某一图层中的全部图像或选择区域移动到指定位置（图 2-48）。

3. 套索工具

套索工具包含了套索工具、多边形套索工具、磁性套索工具（图 2-49）。套索工具和多边形套索工具用于在图像上绘制任意形状的选取区域，磁性套索工具用于在具有一定颜色属性的物体的轮廓线上设置路径。

图 2-47 选择工具

图 2-48 移动工具

图 2-49 套索工具

4. 快速选择工具

快速选择工具包括魔棒工具和快速选择工具，用于快速选择图像中颜色相同或相近的区域（图 2-50）。

5. 裁剪工具

使用该工具在图像中拖动鼠标选择一个区域后，双击鼠标可把选择区域以外的区域切除（图 2-51）。

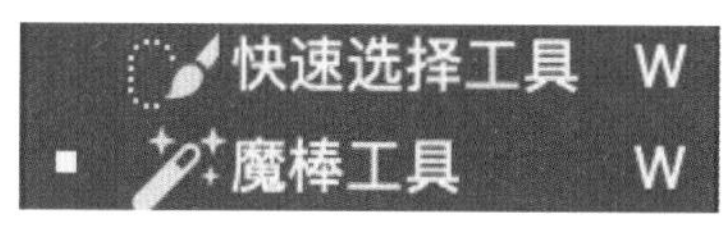

图 2-50 快速选择工具

图 2-51 裁剪工具

6. 吸管工具

吸管工具用于吸取当前的前景色。选中该工具后，将光标移动到图像上，在所需色样处单击鼠标，即可完成颜色的采样（图 2-52）。

7. 标尺工具

标尺工具可以从刻度上拉出横向或纵向的多条直线，主要用于辅助绘制对象的大小（图 2-53）。

8. 画笔工具

画笔工具可以根据不同的笔刷，绘制出不同效果的线条，通常用于服装的上色部分（图 2-54）。

图 2-52 吸管工具

图 2-53 标尺工具

图 2-54 画笔工具

9. 路径工具

路径工具包括钢笔工具、自由钢笔工具、弯度钢笔工具、添加锚点工具、删除锚点工具和转换点工具，是用户编辑和绘制路径的一个重要工具（图 2-55）。

10. 渐变工具

选中该工具后在图像中拖动能够在图层或选区内填充一种连续色调，实现从一种颜色到另一种颜色的过渡，从而产生渐变的特殊效果（图 2-56）。

11. 缩放工具

缩放工具可以缩放图像，但不改变图像的实际尺寸，绘制细节时可用（图 2-57）。

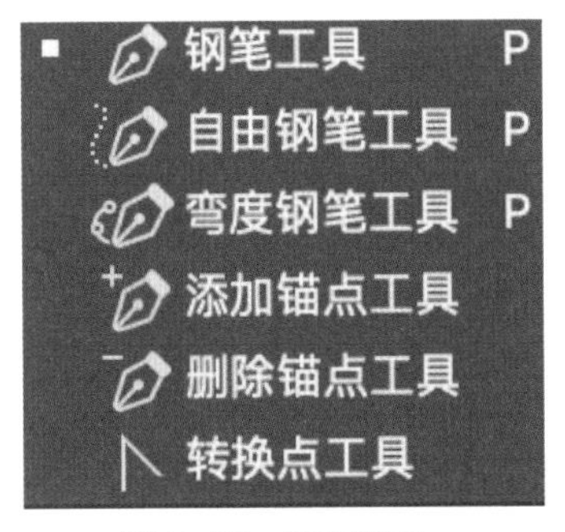

图 2-55　路径工具

图 2-56　渐变工具

图 2-57　缩放工具

（二）Illustrator 中的常用工具

1. 选择工具和直接选择工具

这两个工具都用于选择图像中的对象，区别在于直接选择工具可以选择图像中的某一段线条或某一个锚点，而选择工具用于选择整个对象（图 2-58）。

2. 直线工具

该工具可以绘制不同粗细和形式的直线，在编辑区内按住鼠标左键拖动即可，若同时按住 Shift 键，就能绘制出水平直线、垂直直线和 45° 的斜线（图 2-59）。

3. 曲线工具

选择曲线工具，在编辑区内按住鼠标左键不放，拖动鼠标到合适的地方松开鼠标，可以绘制出弧线（图 2-60）。

图 2-58　选择工具和直接选择工具

图 2-59　直线工具

图 2-60　曲线工具

4. 形状工具

形状工具包括矩形工具、圆角矩形工具、椭圆工具、多边形工具、星形工具、光晕工具。选择其中的某个形状工具，在编辑区内按住鼠标左键不放拖动即可绘制出相应的形状；在编辑区空白处单击鼠标可设置形状的大小数值（图 2-61）。

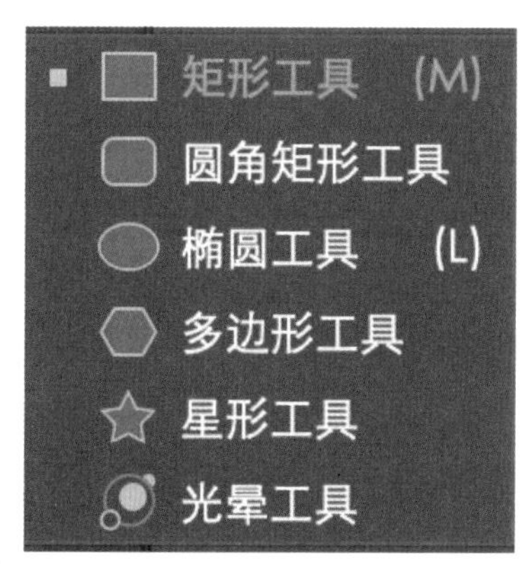

图 2-61　形状工具

5. 钢笔工具

钢笔工具能够绘制直线、曲线和复杂图形，是服装款式图绘制时最常用的工具，必须熟练掌握（图 2-62）。

6. 实时上色工具

实时上色工具可以为闭合路径填充颜色或图案，适用于服装款式图中面料绘制的部分（图 2-63）。

7. 缩放工具

缩放工具可以缩放图像，但不改变图像的实际尺寸，绘制细节时可用（图 2-64）。

图 2-62　钢笔工具

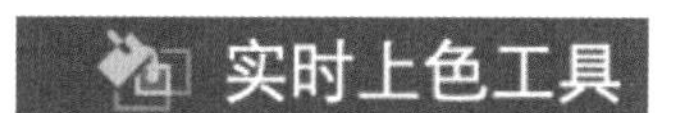

图 2-63　实时上色工具

图 2-64　缩放工具

第三章
时装画人体知识

对于学习时装画的人员来讲，掌握一定的人体基础知识是必须的。只有掌握了基础的人体动态规律，熟悉时装人体动态的表现方式，才能绘制出符合常人视觉审美的时装画作品。

一般来说，时装画中的人体模特都会对现实中的人体模特做出适当的夸张与变形处理，从而加强其视觉效果。但无论时装画作品本身包含了多少设计的创意成分，人体比例标准仍是其必须遵循的基础，因为任何服装最后都必须适合人体的穿着。因此，想要画出具有一定美感的时装画人体，学习人体基础知识是极其关键的步骤。

从理论的角度来说，在理解和掌握了人体比例的标准之后，有必要学习如何在时装画中应用这些标准并使其风格化。这就意味着在绘制时装画人体时，可以对人体的某些比例进行调整，以适应时装画多样的形式语言；同时，还要考虑到调整后人体的不同部分之间是否存在着一种和谐。

第一节　人体造型设计基础知识

人体是服装的支架，是展现服装魅力的根本。只有在掌握人体造型特征的基础上将设计感带入服装中，才能达到服装和人体的完美结合。从人体工程学的角度来看，服装不仅要符合人体造型的需要，还要符合人体运动规律的需要。合理且优质的服装应该舒适合体，便于人的肢体活动，给人在工作、娱乐和生活上提供便利。因此，在研究服装的结构和表现形式之前，必须了解有关人体造型特征方面的知识，将人体的基本结构熟记于心。

一、人体基本结构

一般来说，人体可分为头部、上肢、下肢、躯干四大部分。上肢包括肩、臂、肘、手和手腕，下肢包括髋、大腿、膝盖、小腿、脚和脚踝，躯干包括颈部、胸部、腹部和背部。

人体的表面覆盖着皮肤，皮肤下面有肌肉、脂肪和骨骼。其中骨骼结构是人体构造的关键，在外形上决定着人的身高、体型以及各肢体肌肉的生长形状与比例关系（图 3-1）。

二、时装画常用人体比例

时装画中的人体造型与实际人体之间是有一定的差别的。鉴于对画面整体视觉效果的考虑，在绘制时装画时通常会对人体各部位的比例进行相应调整和美化。现实生活中的正常人体一般为 7.5 头身或 8 头身，亚洲许多地区则以 7 头身居多；而时装画中的人体比例普遍为 9 头身或 10

头身。一个头身即以一个头的长度为测量单位，来测量从头到脚的长度。除了人体长度比例，男女间的宽度比例也值得注意，这关系到男性和女性形体的不同表达。女性形体要表达出柔美的感觉，男性则要表达出阳刚的感觉。

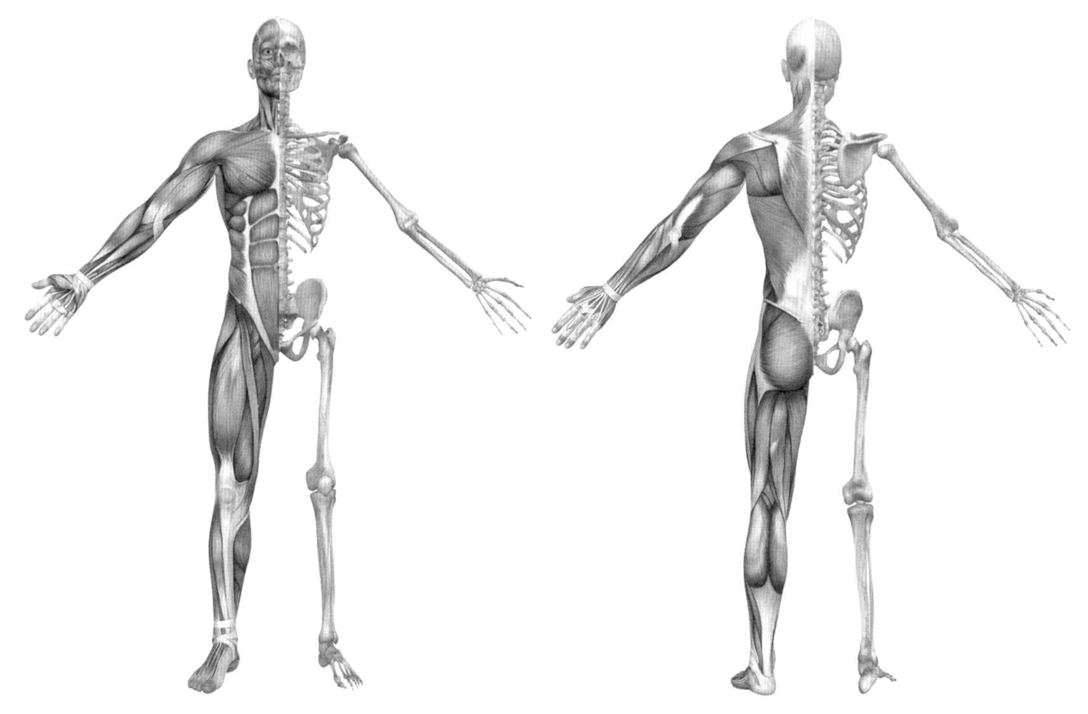

图 3-1　人体基本结构示意

（一）女性人体比例

女性人体的特点是肩宽与臀围接近相等，通过腰身来表现女性的曲线感。女性的四肢也比较纤细，在绘制时可以采用流畅的曲线来表达其柔美感。在增加女性人体的头身比例时，主要通过加长腿的长度来达到变化的效果，而脖子、腰部等只需要稍微加长即可（图 3-2）。

（二）男性人体比例

男性人体最主要的特点是肩宽大于臀宽，人体的轮廓特征呈倒三角形。男性的四肢比较强壮，在绘制时需要表现出其肌肉的饱满，线条变化波动较大。在改变男性人体的头身比例时，高度上与女性人体拉伸方法一样，脖子和腰部只需稍微加长，主要拉伸腿部；宽度上则适当加大肩宽（图 3-3）。

（三）儿童和青少年人体比例

儿童造型的共同特征是头较大，身躯比例较成年人短。以不同的年龄阶段为区分标准，儿童期大致可以分为：幼童、儿童、少年和青少年四个时期。

幼童（2~3岁）：约4头身，头部占据大部分比例且形状浑圆。因幼童时期的婴儿肥所以四肢比较短胖。

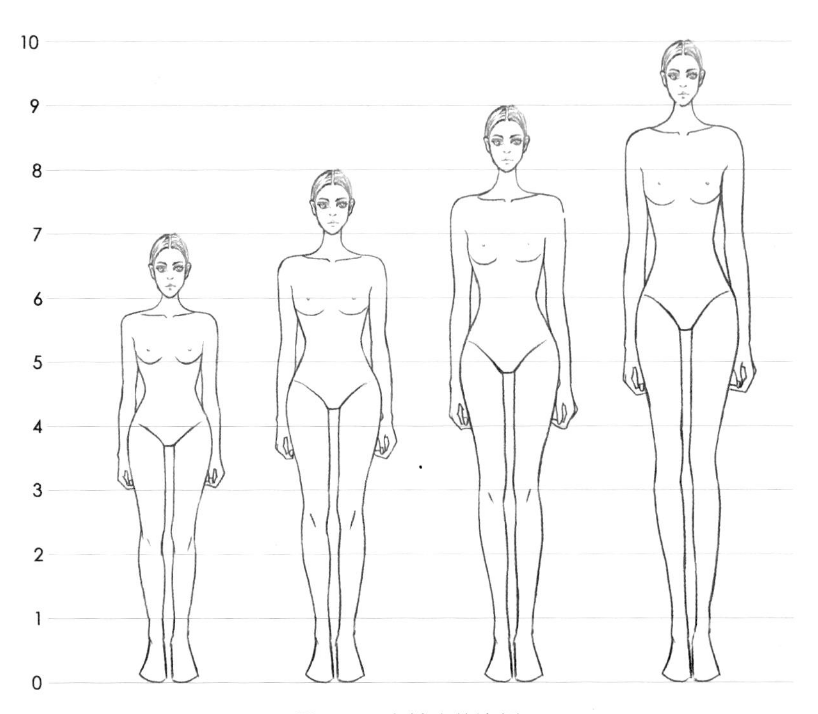

图3-2　女性人体比例

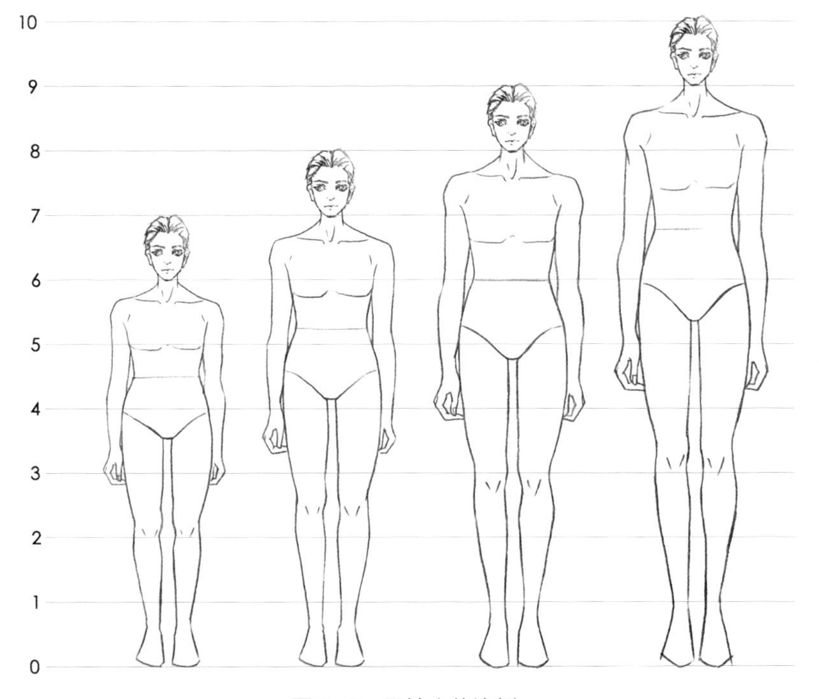

图3-3　男性人体比例

儿童（4 ~ 6 岁）：约 5 头身，腿要比幼童时期长一些，但和幼童一样都是胖乎乎的。绘制时要表现出纯真活泼的感觉，用笔柔和。

少年（7 ~ 12 岁）：约 7 头身，随着儿童年龄的增长，身体比例逐渐变均匀，身躯和四肢逐渐拉长。

青少年（13 ~ 17 岁）：约 8 头身，在比例上已经趋于成年人，骨骼变化明显。但由于此期青少年身体还没完全发育成熟，所以身形仍较为纤细。绘制时用笔可稍微加强，体现出骨骼的线条感（图 3-4）。

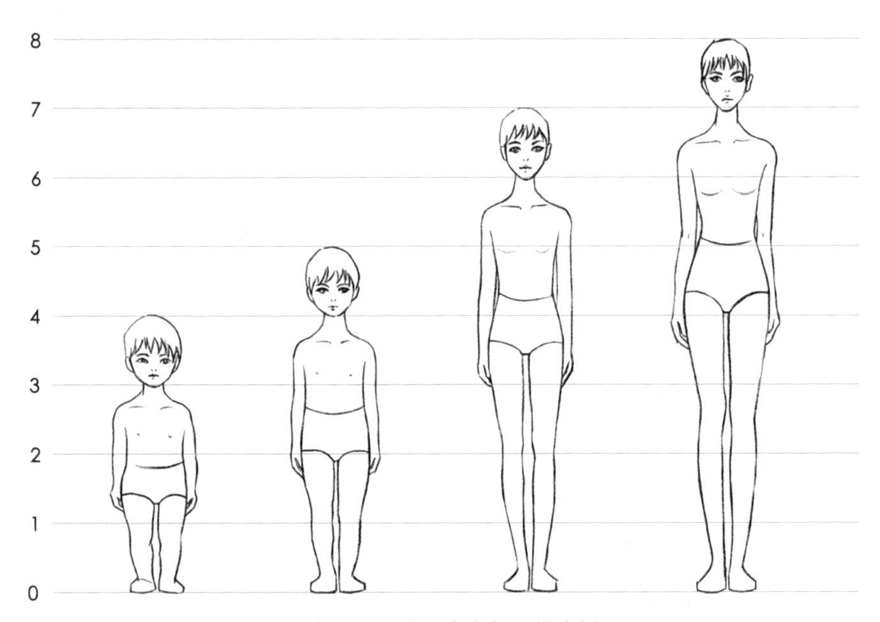

图 3-4　儿童和青少年人体比例

三、人体绘制步骤

生活中的人体动态虽多种多样，但在时装画中常用的人体动态并不多，因此只需要掌握几个基本的人体动态即可。下面以最为常见的正面行走动态为例来讲解人体的绘制步骤。

步骤一：先画 10 条间距相同的辅助线（为 9 头身人体准备），然后竖向画一条垂直于画面的重心线，接着确定头部的位置并画出头部形状。

步骤二：画出正面站立动态下的肩、腰、臀三者之间的宽度比例关系以及圆柱形的脖子，人体上半身呈倒梯形和正梯形的轮廓。

步骤三：画出腿部的动态和外轮廓线。

步骤四：画出手臂的动态和外轮廓线。

步骤五：擦掉不需要的辅助线，勾勒人体的外形轮廓，并通过线条的粗细来强调肌肉和关节部位（图 3-5）。

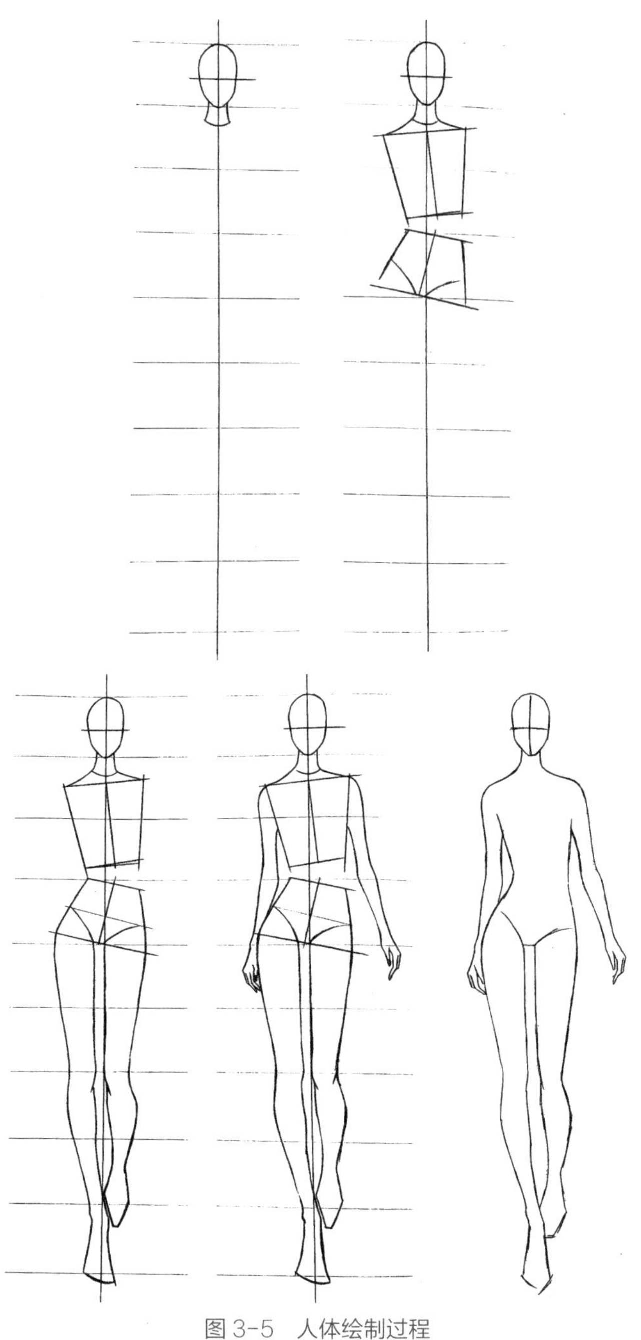

图 3-5　人体绘制过程

四、人体动态造型基础

（一）中心线与重心线

学习人体动态基础时，首先要掌握影响人体动态造型的两个基本因素：中心线和重心线。由于人体动态的不同，其中心线和重心线之间的相互关系也会发生相应变化。

中心线是指从人的锁骨、胸窝至肚脐处的线，相当于人体的骨架结构线，会随着人体动态的变化而变化。

重心线是指经过人的锁骨窝点且垂直于地面的线，一般情况下，重心线会落在承受力量的脚上。

当人体肩部平行于地面站立时，中心线和重心线是一条线，都垂直于地面，此时的重心点落在两只脚之间；当人体肩部向一侧倾斜站立时，中心线和重心线会分离，此时的重心线将会落在靠肩部倾斜的那一边承受力的脚上。

在绘制时装画人体时，一般采用行走的人体动态较多，在这种动态下的肩和臀之间呈现出一种相互协调的结构关系，类似于“<”和“>”。此时中心线和重心线会分离，重心线会偏移到“<”和“>”符号缩小的方向（图3-6）。

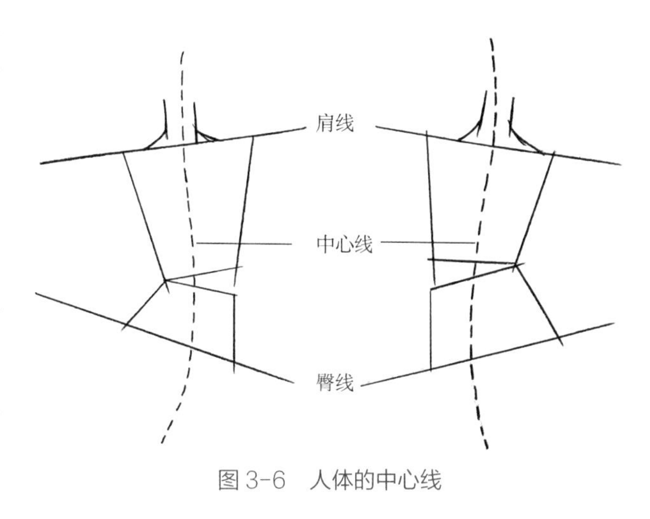

图3-6　人体的中心线

（二）人体站立动态的变化规律

在开始画时装画时，第一步就是要确认人体的重心线，重心线垂直于画面且贯穿人体重心，通过它可以清晰地判断出人体动态是否稳定。当人体处于站立姿态时，不论站立的姿态如何变化，人的重心线都保持不变，且正面站姿的重心线都会经过锁骨的中点（图3-7）。

以上两个不同正面站姿的重心线是相同的，都经过锁骨的中点并垂直于地面。而两条腿受力情况的不同则直接影响重心线到两条腿之间的距离，受力越多的腿离重心线越近，受力越小的腿离重心线越远。因此，在重心线位置和上半身动态不变的情况下，腿形可以发生多种变化，尝试多种站姿（图3-8）。

（三）行走动态的变化规律

人在行走时身体结构会发生明显的变化，一般情况下人体的中心线都穿插于重心线的两侧，重心线经过锁骨中间和重心脚且垂直于地面。行走的动态比站立的动态更生动一些，是时装画绘制中最常用的动态（图3-9）。

从以上两个行走的人体动态可以发现，在动态不变和手臂伸直的状态下，可以以肩点为圆心，手臂长度为半径随意调整手臂的位置，尝试更多的动态（图3-10）。

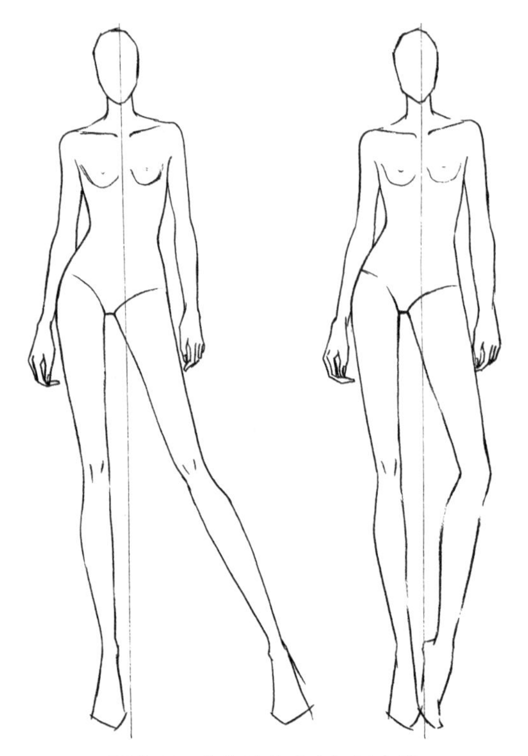

图 3-7　人体站立动态与重心线

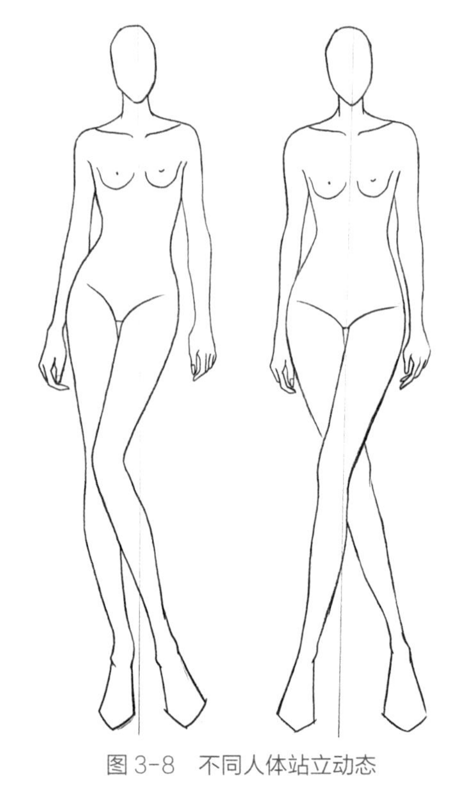

图 3-8　不同人体站立动态

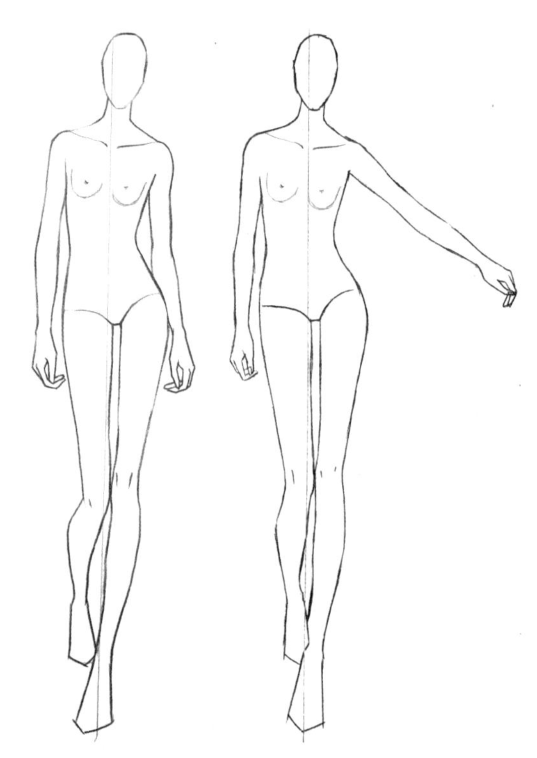

图 3-9　人体走动动态与重心线

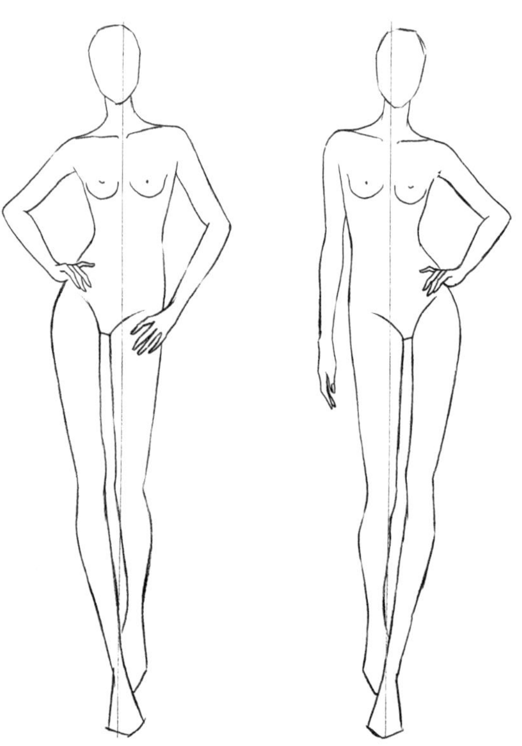

图 3-10　不同人体走动动态

（四）常见人体动态展示

人体的动态是多种多样的，下面以常见的几种人体动态作为展示（图 3-11 ~ 图 3-13）。

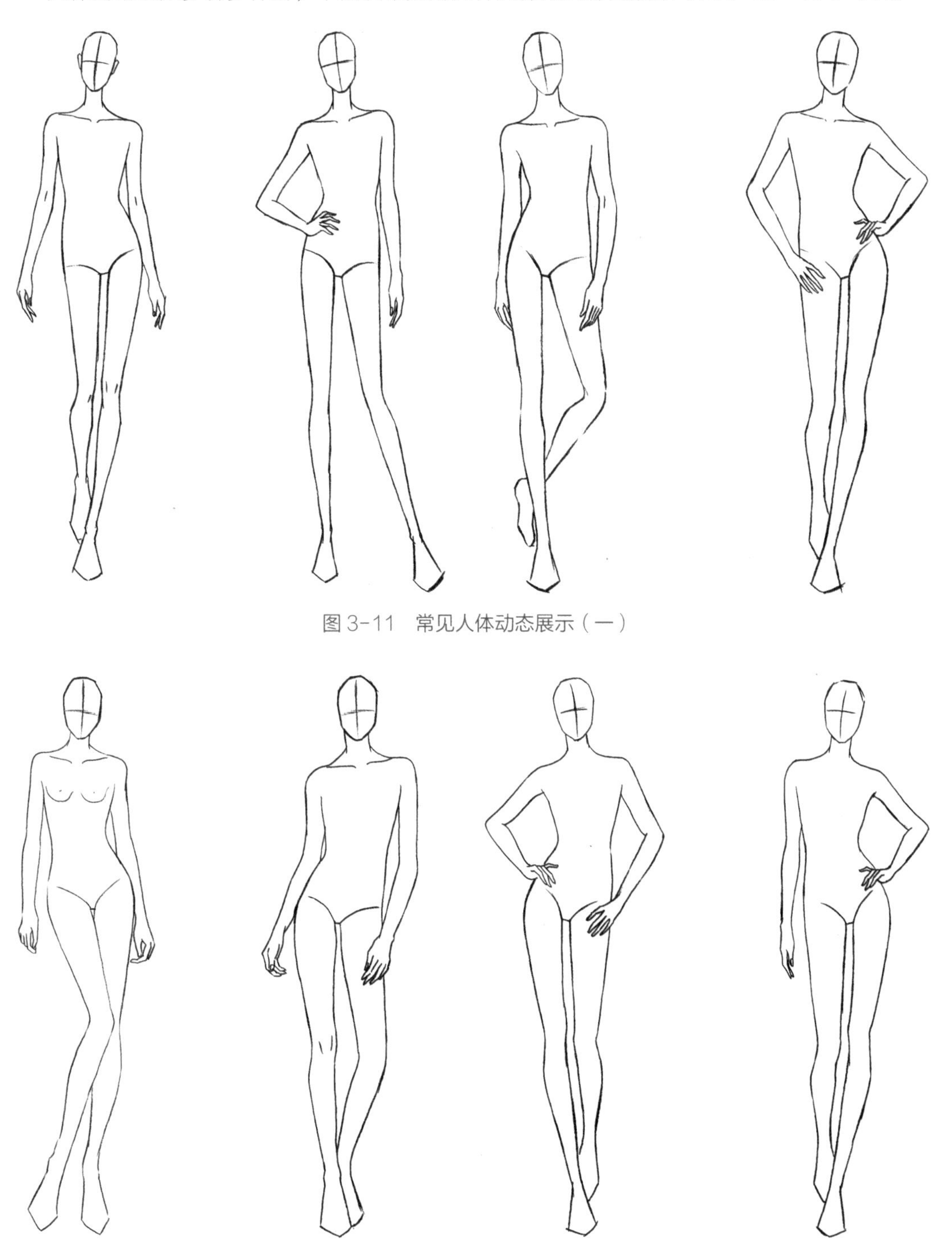

图 3-11　常见人体动态展示（一）

图 3-12　常见人体动态展示（二）

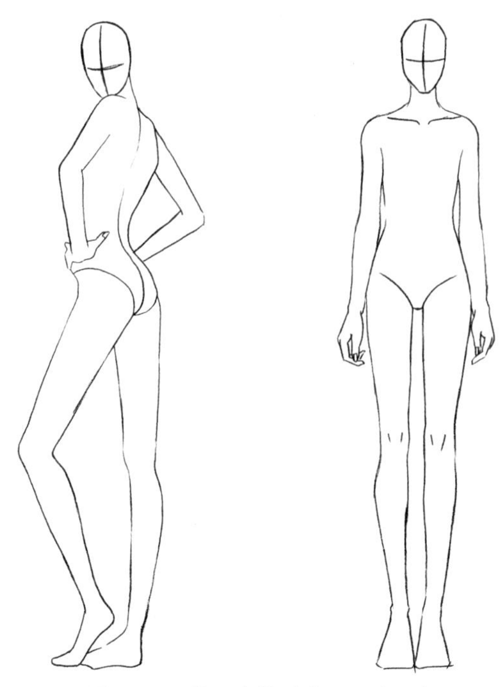

图 3-13　常见人体动态展示（三）

（五）常用人体动态绘制

1. 正面站立动态的分析及绘画步骤

在绘制正面站立的人体动态时，要注意弯曲手臂的画法，肘关节动态点要与人体腰部位置相协调，避免将上臂画得过短。

步骤一：先画出正面站立动态下的头部和肩、腰、臀三者之间的宽度比例关系，上半身和下半身分别呈倒梯形和正梯形的轮廓。

步骤二：用辅助线画出手臂和腿部的动态。

步骤三：画出手臂和腿部的外轮廓线，并用线条连接腰部。

步骤四：擦掉不需要的辅助线，描绘人体的外形轮廓，并通过线条的粗细来强调肌肉和关节部位（图 3-14）。

2. 正面行走动态的分析及绘制步骤

在绘制正面行走的人体动态时，要特别注意两腿在走动状态下的骨骼结构关系和前后关系。

步骤一：先画出正面走动的动态下的头部和肩、腰、臀三者之间的宽度比例关系，上半身和下半身分别呈倒梯形和正梯形的轮廓。

步骤二：用辅助线画出手臂和腿部的动态。

步骤三：画出手臂和腿部的外轮廓线，并用线条连接腰部。

步骤四：擦掉不需要的辅助线，描绘人体的外形轮廓，并通过线条的粗细来强调肌肉和关节部位（图3-15）。

图3-14　正面站立动态的绘制步骤

图 3-15　正面行走动态的绘制步骤

3. 半侧面的动态分析绘画步骤图

在绘制半侧面人体动态时，可以按照“块面体”的方法将人体的结构关系表现出来，然后再去填充肌肉。在绘制时需注意侧面的颈部、肩部、手臂与人体的透视关系，以及臀部与腿之间的透视结构关系。

步骤一：先画出半侧面人体动态下的头部和肩、腰、臀三者之间的宽度比例关系，上半身和下半身分别呈倒梯形和正梯形的轮廓。

步骤二：用辅助线画出手臂和腿部的动态。

步骤三：画出手臂和腿部的外轮廓线，此时要注意四肢和人体侧面的关系。

步骤四：擦掉不需要的辅助线，描绘人体的外形轮廓，并通过线条的粗细来强调肌肉和关节部位（图 3-16）。

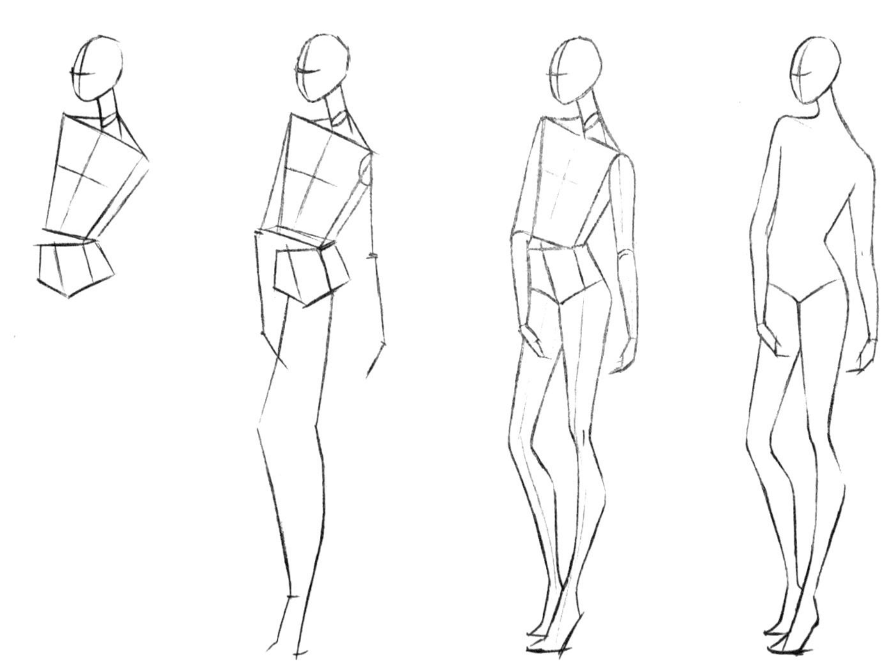

图 3-16　半侧面人体动态绘制步骤

第二节　人体局部表现

在时装画的绘制过程中，除了掌握人体的基本比例外，还需要对人体各部分结构进行深入研究和练习。本节从人体的各部分入手，按照头部、五官、发型、四肢的绘画顺序来逐一讲解示范，从而解决学习人体绘制过程中会遇到的种种问题。

一、头部的绘制

头部在时装画中非常重要，如果对头部的透视及五官比例把握不当，就会影响整体的效果，因此在时装画的学习过程中，需要先学好绘制头部。对于初学者来说，刚开始只需要掌握头部的几个透视角度即可。

（一）正面头部绘制

正面头部以中轴线左右对称，人的五官按照“三庭五眼”的比例关系分布在面部。“三庭”是指将脸的长度分为三等分：发际线到眉毛为第一等份，眉毛到鼻底为第二等份，鼻底到下颚为第三等份。“五眼”是指以一个眼睛的宽度为标准，将脸部最宽处五等分。

正面头部的绘制步骤如下（图 3-17）。

步骤一：先画一条中轴线，定出一个头的长度，再根据头长画出头宽，比头长的 1/2 略宽一点。

步骤二：定出眼睛的位置，约在头长的 1/2 处，两眼之间的距离为一个眼睛的宽度，并画出脸型。

步骤三：定出鼻子的位置，约在眼睛到下巴的 1/2 处，嘴巴在鼻子到下巴的 1/2 处偏上一点。

步骤四：定出五官的宽度，绘制出五官的形状和细节。

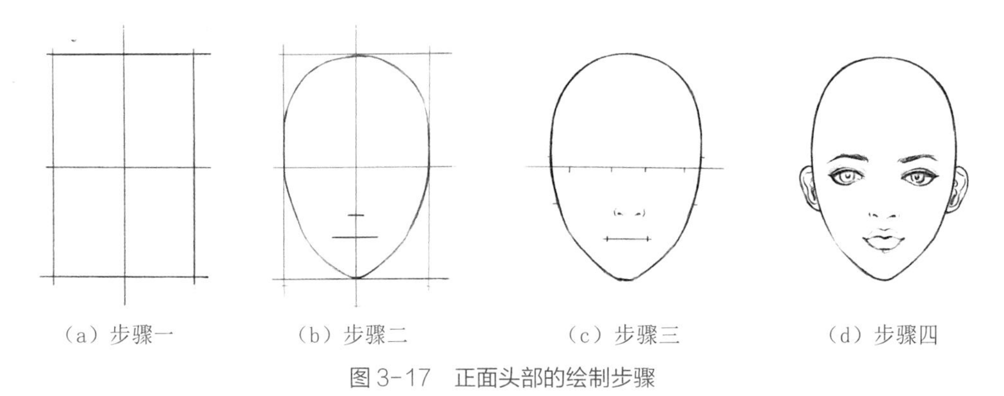

（a）步骤一　（b）步骤二　（c）步骤三　（d）步骤四

图 3-17　正面头部的绘制步骤

（二）正侧面头部的绘制

在观察正侧面的头部时，可以看到后脑勺占据了大部分的视觉比例，而面部则相对狭窄，面部轮廓起伏明显。受到透视影响，这个角度的眼睛、鼻子和嘴只能看到正面的一半。

正侧面头部绘制步骤如下（图 3-18）。

步骤一：绘制出一个向前倾斜的侧面头部轮廓，脖子的倾斜角度与头部相反，头部向前倾，脖子向后倾。

步骤二：定出眼睛的位置，约在头长的 1/2 处，并以此为基础确定鼻子、嘴巴和耳朵的位置。

步骤三：在上一步的基础上，细化出五官的具体形状。受头部整体外轮廓影响，眼睛和嘴都有一定的倾斜角度。

步骤四：在侧面凸起最鲜明的眉弓处绘制出眉毛，长度约为正面眉毛的一半，再进一步调整五官细节。

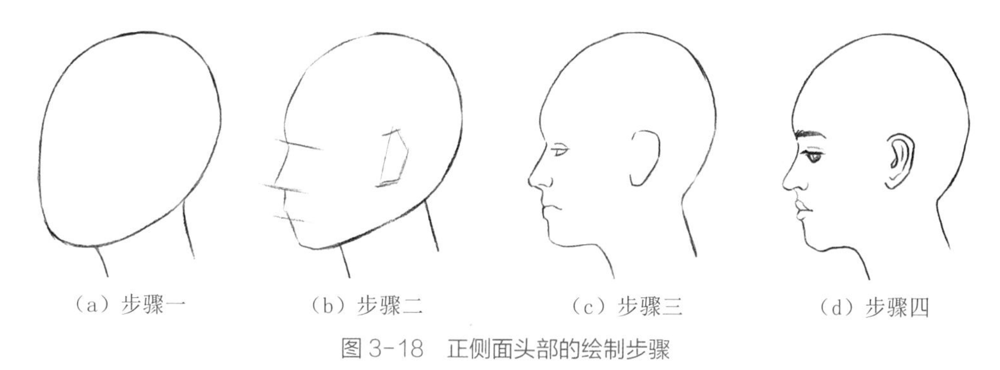
（a）步骤一　（b）步骤二　（c）步骤三　（d）步骤四

图 3-18　正侧面头部的绘制步骤

（三）3/4 侧面头部的绘制

3/4 侧面的头部角度表现难度较大，处于该角度下的五官不像正面的五官那样左右对称，也不像侧面的五官只能看见一部分，而是根据面部侧转产生的透视有所变形，五官之间还会产生一定的遮挡。在这种情况下，找准透视线就变得尤为重要。

3/4 侧面头部的绘制步骤如下（图 3-19）。

步骤一：绘制出头部的外轮廓，3/4 侧面的面部较大，但仍能看到一部分后脑勺。

步骤二：绘制出面部的辅助线，此时的中轴线要根据头部侧转的方向呈弧线，眼角连线、鼻底线、和嘴角线也都呈现出一定的弧度。

步骤三：根据透视辅助线标出五官的位置，面部转向的一侧，眉毛、眼睛和嘴的长度会略微缩短，鼻翼和鼻孔的角度也会产生变化。

步骤四：绘制五官的细节，整理出干净的线稿。

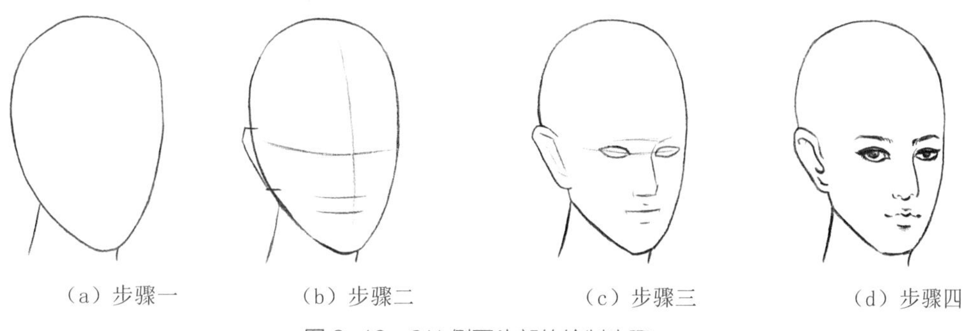
（a）步骤一　（b）步骤二　（c）步骤三　（d）步骤四

图 3-19　3/4 侧面头部的绘制步骤

二、五官的绘制

在时装画中人体脸部的不同可以使画面的整体感觉更加丰富，让服装的风格更加突出明了。在学习绘画时装画人体的五官时，应掌握面部“三庭五眼”的基本法则，再结合所设计的服装风格来表现。

（一）眼睛的绘制

在时装画中，眼睛的表现决定着人体面部是否好看，只要掌握好眼睛的形状和眼神的气韵，就能很好地表现出人物的气质。在绘制眼睛轮廓时，要画清楚眼睛各部位的层次形状，把握好眼睛立体转折的各个面，并分清主次关系。

接下来通过对时装画中不同角度的女性眼睛讲解，使读者更直观地学习眼睛的绘制技法。

1. 正面眼睛的绘制

正面角度下的眼睛形状类似于一个橄榄球形，两头尖中间圆。在绘制正面眼睛的时候也要注意眼睛和眉毛之间的关系。正面眼睛的绘制步骤如图 3-20 所示。

步骤一：先定出眼睛和眉毛的位置，用概括的线描绘眉眼的基本轮廓。

步骤二：绘制出眼睛和眉毛的具体形状，并画出眼球、瞳孔及双眼皮的基本形状。

步骤三：进一步加深眼睛和眉毛的细节，绘制出眼睛的明暗关系和眉毛的毛发感。

步骤四：调整眼部的整体效果，绘制出生动逼真的眼睛。

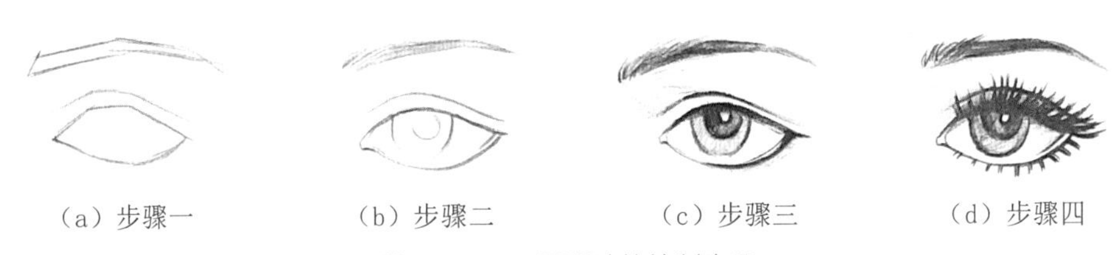

（a）步骤一　（b）步骤二　（c）步骤三　（d）步骤四

图 3-20　正面眼睛的绘制步骤

2. 半侧面眼睛的绘制

在绘制半侧面眼睛时，要注意眼睛的透视关系，在这个角度下的眼睛前面较扁而后侧较圆，同时也要注意眉眼之间的距离。半侧面眼睛的绘制步骤如图 3-21 所示。

步骤一：先定出眼睛和眉毛的位置，用概括的线描绘眉眼的基本轮廓。

步骤二：绘制出眼睛和眉毛的具体形状，并画出眼球、瞳孔及双眼皮的基本形状。

步骤三：进一步加深眼睛和眉毛的细节，绘制出眼睛的明暗关系和眉毛的毛发感。

步骤四：调整眼部的整体效果，绘制出生动逼真的眼睛。

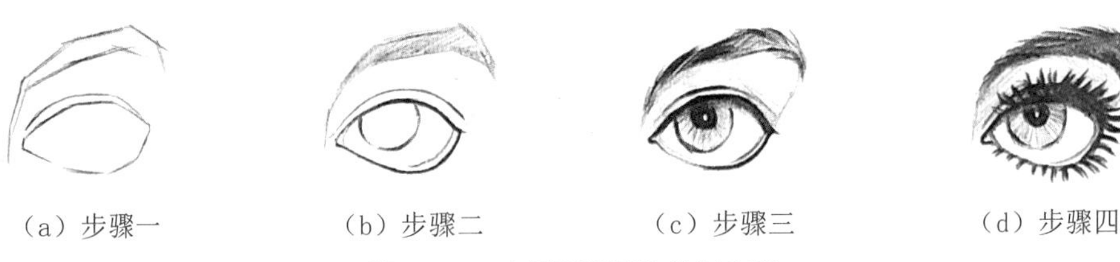

（a）步骤一　（b）步骤二　（c）步骤三　（d）步骤四

图 3-21　半侧面眼睛的绘制步骤

3. 正侧面眼睛的绘制

在绘制正侧面眼睛时，要注意在这个角度下的眼睛是看不到全部的，通常会用睫毛来表示另一侧的眼睛。正侧面眼睛的绘制步骤如图 3-22 所示。

步骤一：先定出眼睛和眉毛的位置，用概括的线描绘眉眼的基本轮廓。

步骤二：绘制出眼睛和眉毛的具体形状，并画出眼球、瞳孔及双眼皮的基本形状。

步骤三：进一步加深眼睛和眉毛的细节，绘制出眼睛的明暗关系和眉毛的毛发感。

步骤四：绘制出另一侧眼睛的睫毛，并调整眼部的整体效果。

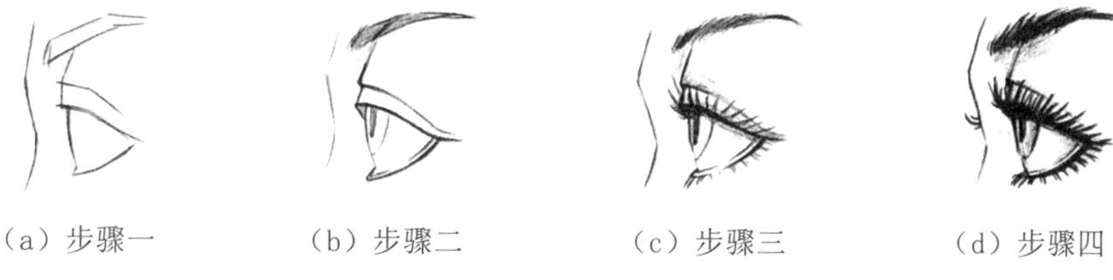

（a）步骤一　（b）步骤二　（c）步骤三　（d）步骤四

图 3-22　正侧面眼睛的绘制步骤

4. 不同形态的眼睛

每个人的外貌不同，眼型也不同，因此在学习时装画的绘制过程中，要多注意观察生活中不同的眼型，并掌握其绘制方法（图 3-23）。

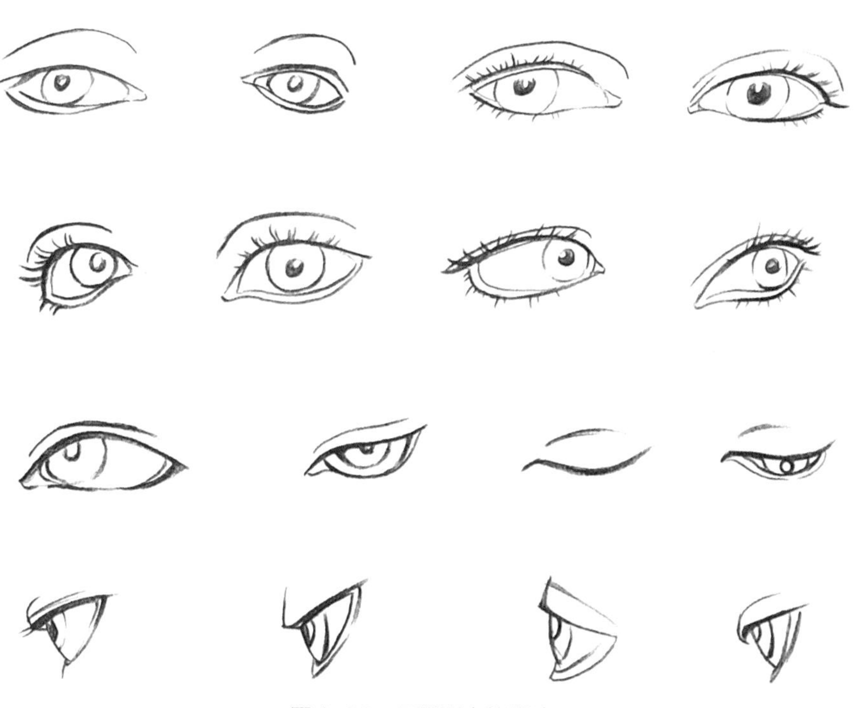

图 3-23　不同形态的眼睛

（二）鼻子的绘制

在塑造鼻子之前首先要了解鼻子的结构，在绘制时需要注意鼻梁和鼻底的形状特点，鼻头比较坚挺，鼻梁较窄（图 3-24）。绘制鼻子时，所有的角度都需要表现出鼻孔的部分，有时候也要适当加点阴影在鼻底，让鼻头更加突出、立体。

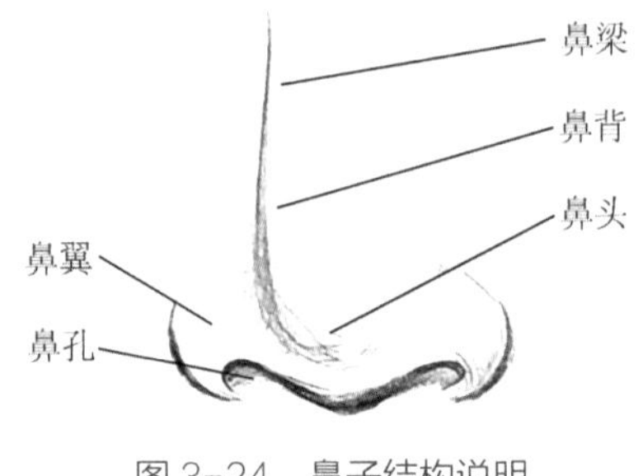

图 3-24　鼻子结构说明

1. 正面鼻子的绘制

正面鼻子的绘制步骤如图 3-25 所示。

步骤一：先定出正面鼻子的位置和大小，用概括的线条绘制出鼻子的大致轮廓。

步骤二：擦淡辅助线，用流畅的线条绘制出鼻子的具体形状，注意鼻翼和鼻孔的部位要着重强调。

步骤三：进一步加深细节。

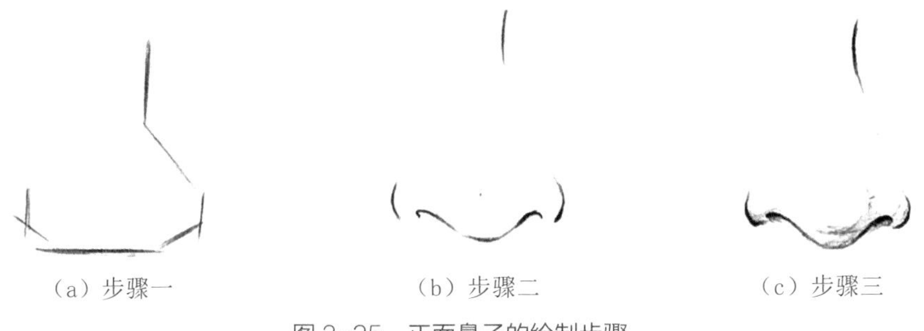

（a）步骤一　（b）步骤二　（c）步骤三

图 3-25　正面鼻子的绘制步骤

2. 半侧面鼻子的绘制

半侧面鼻子的绘制步骤如图 3-26 所示。

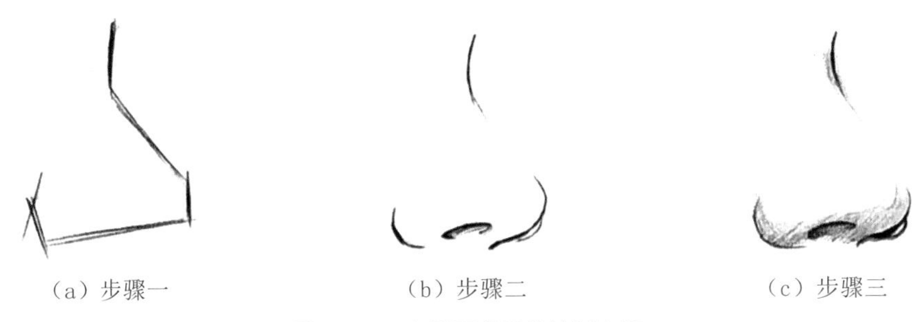

（a）步骤一　（b）步骤二　（c）步骤三

图 3-26　半侧面鼻子的绘制步骤

步骤一：先定出半侧面鼻子的位置和大小，用概括的线条绘制出鼻子的大致轮廓。

步骤二：擦淡辅助线，用流畅的线条绘制出鼻子的具体形状，注意鼻翼和鼻孔的部位要着重强调。

步骤三：进一步加深细节。

3. 正侧面鼻子的绘制

正侧面鼻子的绘制步骤如图 3-27 所示。

步骤一：先定出正侧面鼻子的位置和大小，用概括的线条绘制出鼻子的大致轮廓。

步骤二：擦淡辅助线，用流畅的线条绘制出鼻子的具体形状，注意鼻翼和鼻孔的部位要着重强调。

步骤三：进一步加深细节。

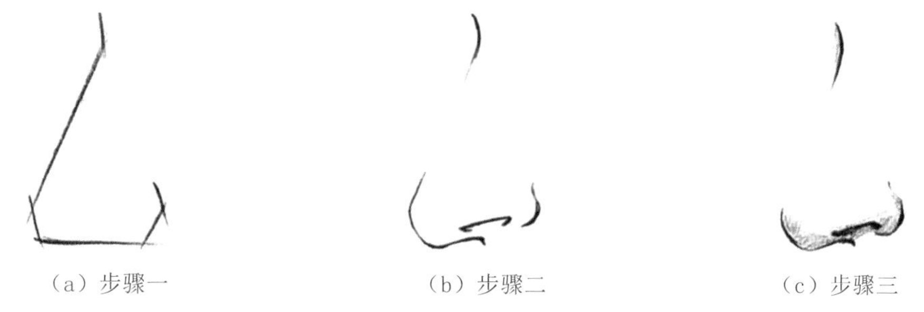

（a）步骤一　（b）步骤二　（c）步骤三

图 3-27　正侧面鼻子的绘制步骤

4. 不同形态的鼻子

每个人的外貌不同，鼻型也不同，因此在学习时装画的绘制过程中，要多注意观察生活中不同的鼻型，并掌握其绘制方法（图 3-28）。

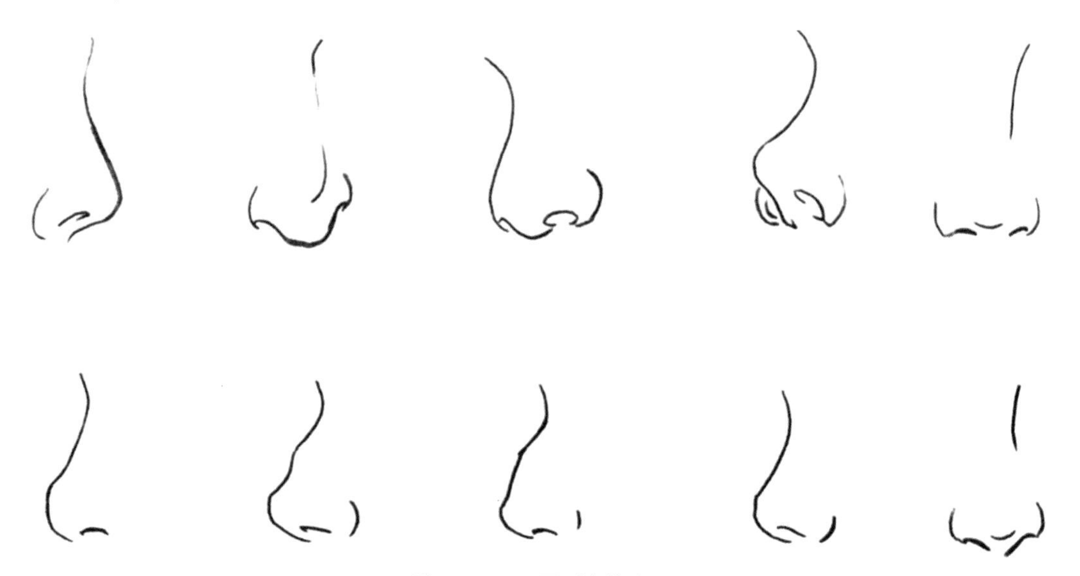

图 3-28　不同形态的鼻子

（三）嘴唇的绘制

嘴唇由上嘴唇和下嘴唇构成，唇中线近似字母 W 的形状，下嘴唇比上嘴唇厚，嘴角微微上翘。在嘴唇的绘制过程中，要注意唇部的形状及体积感，可以着重强调上下唇相接的位置。

1. 正面嘴唇的绘制

正面嘴唇的绘制步骤如图 3-29 所示。

步骤一：先定出正面嘴唇的位置和大小，用概括的线条绘制出嘴唇的大致轮廓。

步骤二：擦淡辅助线，用流畅的线条绘制出上唇和下唇的具体形状，注意嘴角要做上扬处理。

步骤三：进一步加深细节。

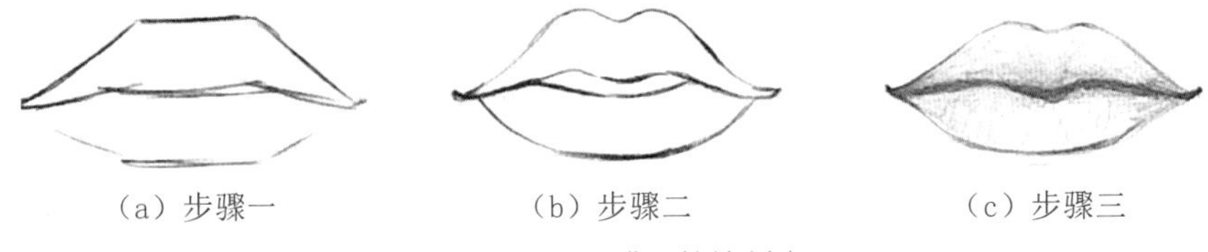

（a）步骤一　（b）步骤二　（c）步骤三

图 3-29　正面嘴唇的绘制步骤

2. 半侧面嘴唇的绘制

半侧面角度下的嘴唇不像正面嘴唇一样是对称的，绘制时要把握好近大远小的透视关系。半侧面嘴唇的绘制步骤如图 3-30 所示。

步骤一：先定出半侧面嘴唇的位置和大小，用概括的线条绘制出嘴唇的大致轮廓。

步骤二：擦淡辅助线，用流畅的线条绘制出上唇和下唇的具体形状，注意嘴角要做上扬处理。

步骤三：进一步加深细节。

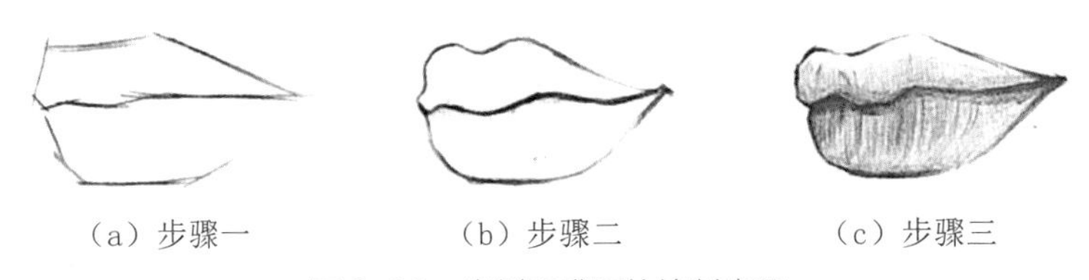

（a）步骤一　（b）步骤二　（c）步骤三

图 3-30　半侧面嘴唇的绘制步骤

3. 正侧面嘴唇的绘制

正侧面角度下的嘴唇只能看到一半，在绘制时要注意上唇要比下唇突出一些。正侧面嘴唇的绘制步骤如图 3-31 所示。

步骤一：先定出正侧面嘴唇的位置和大小，用概括的线条绘制出嘴唇的大致轮廓。

步骤二：擦淡辅助线，用流畅的线条绘制出上唇和下唇的具体形状，注意嘴角要做上扬处理。

步骤三：进一步加深细节。

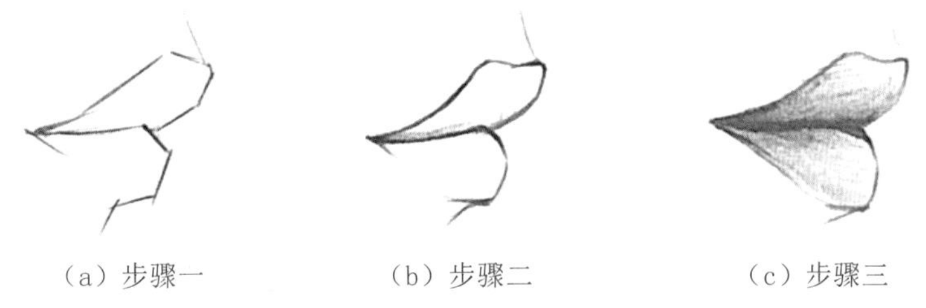

（a）步骤一　　（b）步骤二　　（c）步骤三

图 3-31　正侧面嘴唇的绘制步骤

4. 不同形态的嘴唇

每个人的外貌不同，唇形也不同，因此在学习时装画的绘制过程中，要多注意观察生活中不同的唇形，并掌握其绘制方法（图 3-32）。

图 3-32　不同形态的嘴唇

（四）耳朵的绘制

耳朵是由耳垂、耳屏、耳轮和耳窝几个部分组成的，整个外形近似问号的形状。在找耳朵的最高点和最低点的时候，一般会横向与眉毛和鼻底做比较，这样更容易找准位置。

1. 正面耳朵的绘制

正面耳朵的绘制步骤如图 3-33 所示。

步骤一：先定出正面耳朵的位置和大小，用概括的线条绘制出耳朵的大致轮廓。

步骤二：擦淡辅助线，用流畅的线条绘制出耳朵的具体形状和内部结构。

步骤三：进一步加深细节，突出其体积感。

（a）步骤一　　（b）步骤二　　（c）步骤三

图 3-33　正面耳朵的绘制步骤

2. 侧面耳朵的绘制

侧面耳朵的绘制步骤如图 3-34 所示。

步骤一：先定出侧面耳朵的位置和大小，用概括的线条绘制出耳朵的大致轮廓。

步骤二：擦淡辅助线，用流畅的线条绘制出耳朵的具体形状和内部结构。

步骤三：进一步加深细节，突出其体积感。

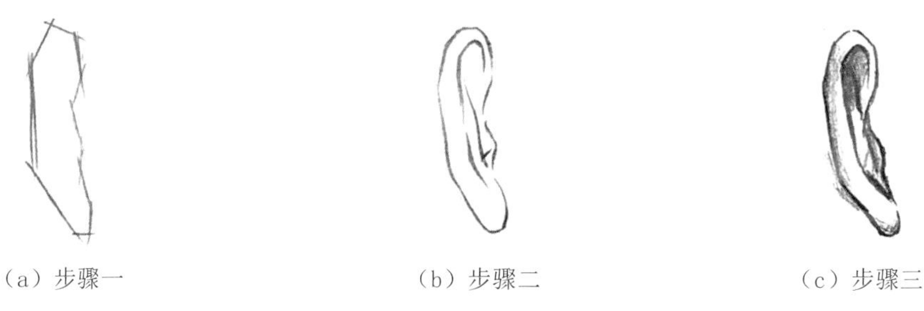

（a）步骤一　　（b）步骤二　　（c）步骤三

图 3-34　侧面耳朵的绘制步骤

3. 背面耳朵的绘制

背面耳朵的表现比较简单，因为看不见耳内结构，只需要简单地概括其外轮廓，再用肯定的线条描绘即可（图 3-35）。

（a）步骤一　　（b）步骤二　　（c）步骤三

图 3-35　背面耳朵的绘制步骤

4. 不同形态的耳朵

每个人的外貌不同，耳形也不同，因此在学习时装画的绘制过程中，要多注意观察生活中不同的耳形，并掌握其绘制方法（图 3-36）。

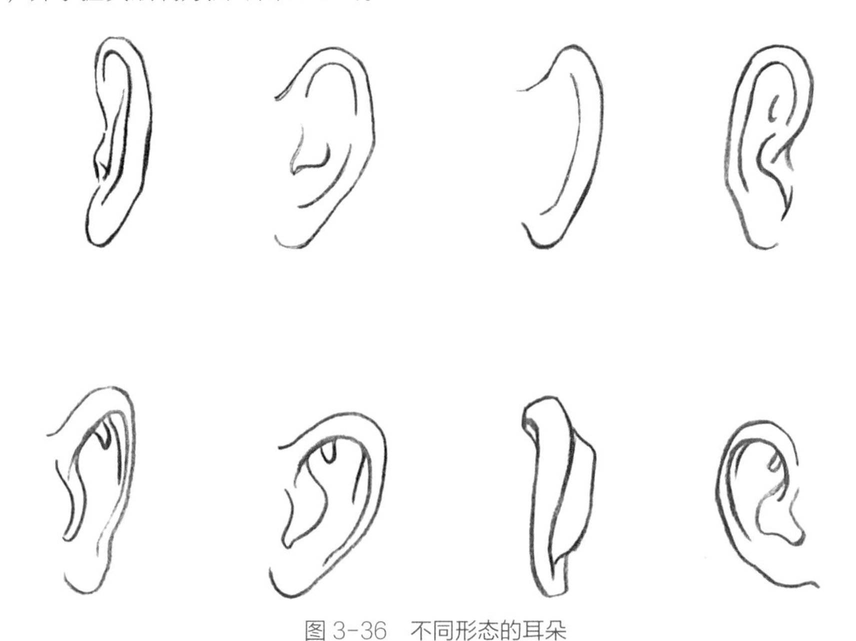

图 3-36　不同形态的耳朵

三、发型的绘制

发型和面部、服装搭配的整体感觉是突出服装风格的重要表现环节之一。在绘制头发的时候，要将其作为一个整体去考虑，先在整体中分出不同的块面，再通过明暗关系来表现头发的体积感，最后再运用线条的“粗与细”“虚与实”去表现头发的层次质感。时装画中常见的发型一般分为四种：短发、长发、卷发、盘发。

（一）短发的绘制

短发的发型有很多变化，长度一般不会超过肩头。以图 3-37 中的齐耳短发为例，因为头发较短，基本都会附着在头骨上，呈现出比较明显的球体外形，刘海和紧贴面部的发丝需要着重刻画，后脑勺的发丝可以适当省略，以凸显头发的体积感。

步骤一：先在头部定出短发的长度，用概括的线条简单勾勒出短发的大致轮廓。

步骤二：用肯定的线条勾勒出刘海的走势，将刘海和后面的头发区分开来。

步骤三：进一步刻画刘海和贴近面部的头发，增加其体积感。

步骤四：整体调整，深化头发细节。

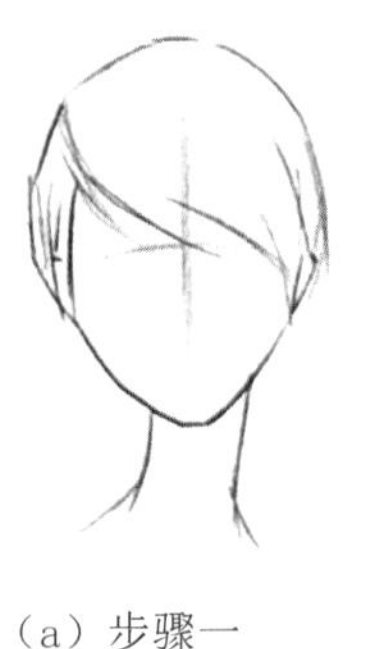
(a) 步骤一

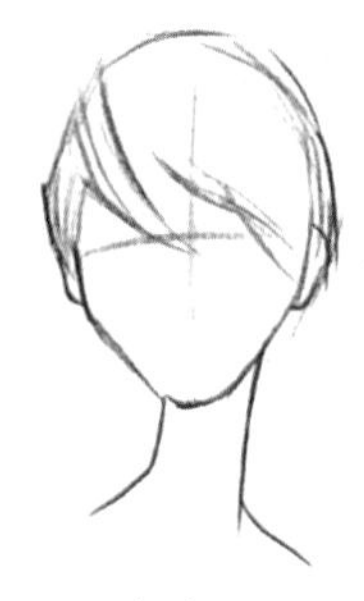
(b) 步骤二

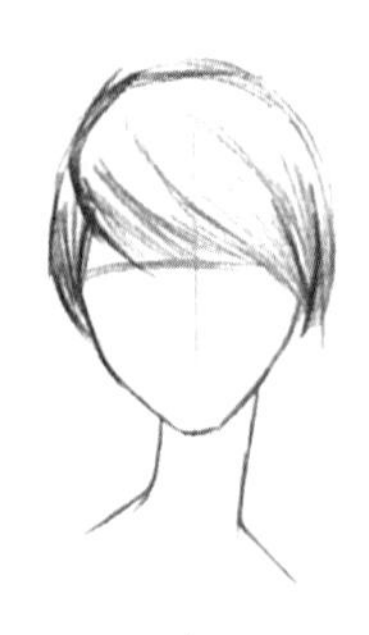
(c) 步骤三

(d) 步骤四

图 3-37 短发的绘制步骤

(二)长发的绘制

长发比起短发更能突出女性温柔娴静的气质。以图 3-38 中的长直发为例，发丝层次较为单纯，发缕之间没有太多的遮挡。但是，想要绘制出飘逸的长发，笔触一定要流畅，线条排列要疏密有致，要主动去寻找变化，否则容易显得单薄呆板。

步骤一：先在头部定出长发的长度，用概括的线条简单勾勒出长发的大致轮廓。

步骤二：用肯定的线条勾勒出头发的走势，将左右中分两侧的头发区分开来。

步骤三：进一步刻画贴近面部的头发，增加其体积感。

步骤四：整体调整，深化头发细节。

(a) 步骤一

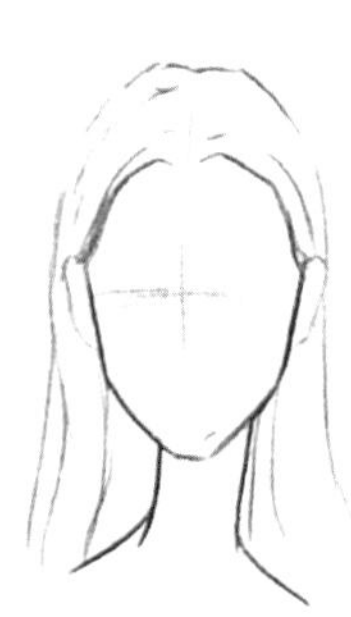
(b) 步骤二

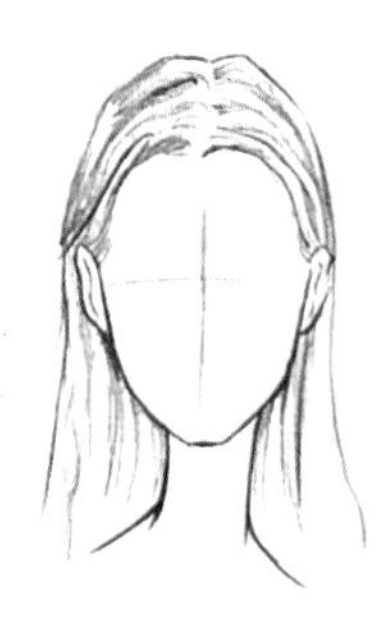
(c) 步骤三

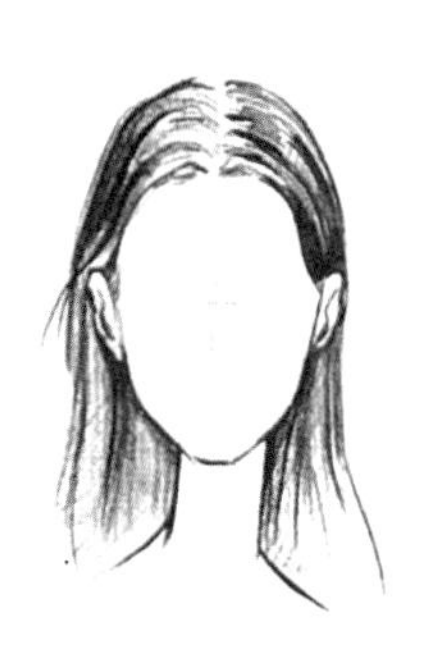
(d) 步骤四

图 3-38 长直发的绘制步骤

(三)卷发的绘制

通常卷发会因为发丝的卷曲而产生较强的空间感，发型的外观会有较大的起伏变化，显得比较蓬松。卷曲的发丝不仅形态多变，发缕之间的穿插和叠压关系也会相对复杂。在绘制卷发时，笔触可以适当抖动，或者用交错的曲线来表示，会显得更加灵动。长卷发的绘制步骤如图 3-39 所示。

步骤一：先在头部定出卷发的长度，用概括的线条简单勾勒出卷发的大致轮廓。

步骤二：用肯定的线条勾勒出头发的走势，将卷发的形状分为几个大的块面。

步骤三：进一步刻画每个块面的发丝和贴近面部的头发，增加其体积感。

步骤四：整体调整，深化头发细节。

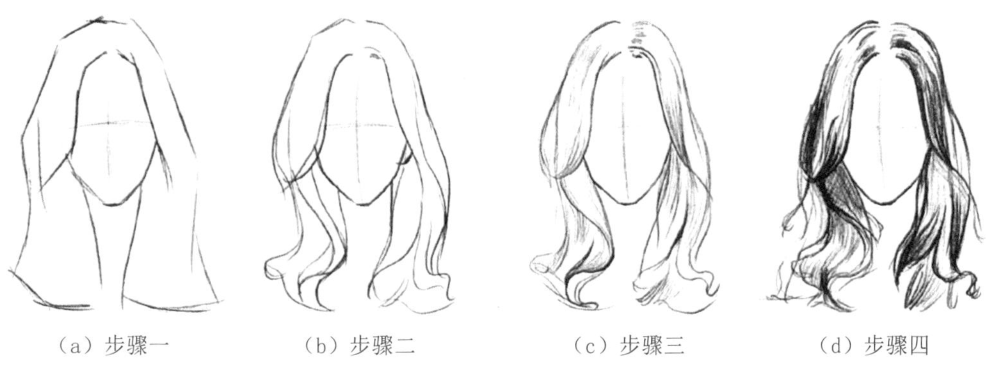

（a）步骤一　（b）步骤二　（c）步骤三　（d）步骤四

图 3-39　长卷发的绘制步骤

（四）盘发的绘制

盘发就是将头发盘成发髻或辫子，有很多种花样。以图 3-40 中的盘发为例，盘发的发髻有较为清晰的形状，体积感也很鲜明。在绘制盘发时，要将发髻之间的穿插和叠压关系整理清楚，并适当区分出主次虚实，以体现发型的整体空间感。

步骤一：先在头部定出盘发的高度，用概括的线条简单勾勒出长发的大致轮廓。

步骤二：用肯定的线条勾勒出头发的走势，将盘发分为贴近头部的头发和发髻两个部分。

步骤三：进一步刻画发髻和贴近面部的头发，增加其体积感。

步骤四：整体调整，深化头发细节。

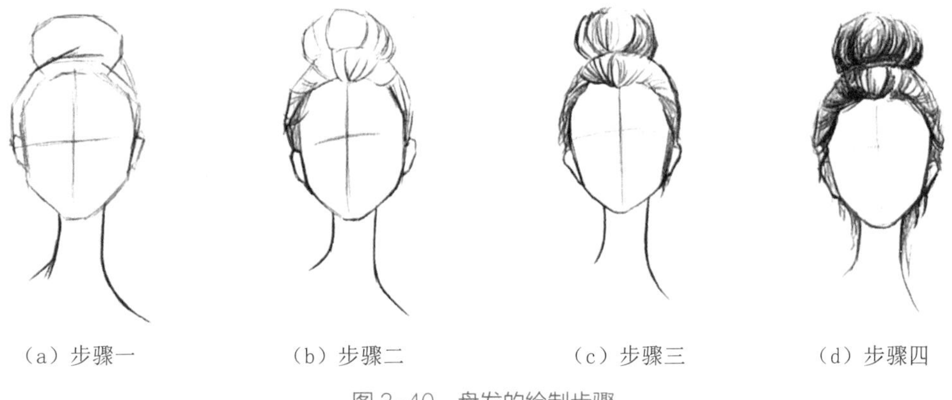

（a）步骤一　（b）步骤二　（c）步骤三　（d）步骤四

图 3-40　盘发的绘制步骤

四、头部的整体绘制

在时装画中，头部的整体表现作为人物造型的一部分，它带给人的视觉效果与发型、五官、配饰和妆容等都有所关联，头部的角度也影响着画面的效果。

（一）头部的绘制步骤

下面以正面头部的整体绘制为例讲解绘制步骤（图 3-41）。

步骤一：先画出正面的头部和脖子，并按照三庭五眼的比例关系在面部定出眼睛、鼻子和嘴巴的位置。

步骤二：用概括的线条简单地勾勒出发型和大致轮廓，并画出五官和耳朵的轮廓。

步骤三：画出发型和五官的具体形状，并进行深入刻画。

步骤四：进一步加深细节，整体调整。

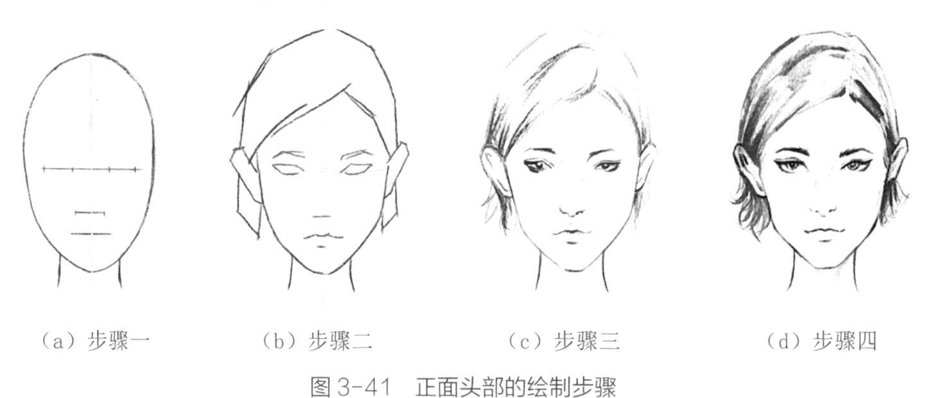

（a）步骤一　（b）步骤二　（c）步骤三　（d）步骤四

图 3-41　正面头部的绘制步骤

（二）不同头部的整体表现

头部的整体表现是多样的，会受到发型、五官、配饰及妆容等的因素影响。在学习时装画的过程中，要多练习头部的绘制方法，形成具有自己风格的时装头像（图 3-42 ~ 图 3-44）。

图 3-42　不同头部的绘制赏析（一）

图 3-43　不同头部的绘制赏析（二）　　图 3-44　不同头部的绘制赏析（三）

五、四肢的绘制

四肢是人体的重要组成部分，主要由手、手臂、脚和腿四个部分组成。四肢绘制的好坏与否，对于时装人体以及时装画的表现效果也会产生很重要的影响，想要绘制出高质量的时装画，必须先了解和掌握四肢的结构及画法。下面分别对四肢的具体画法进行详细的说明。

（一）手的表现

手是由手腕、手掌和手指三部分构成的。正常来说东方人手的长度约为头长的 3/4，手掌和手指的长度基本相等，但在时装画中手的比例可以适当加长（图 3-45）。

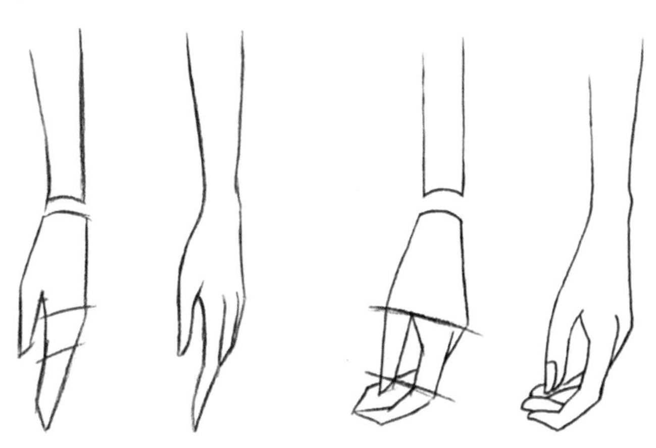

图 3-45　手的结构示意

1. 手的绘制步骤

手的动态是多种多样的，但不论何种动态，在绘制时都要注意手腕、手掌和手指三个部分的关系。手的绘制步骤如图 3-46 所示。

步骤一：先用简单的线条概括出手部的大小，并区分出手腕、手掌、手指三个大的块面。

步骤二：在上一步的基础上，绘制出手指的大致动态。

步骤三：擦淡辅助线，用流畅的线条勾勒出手的具体形状。

步骤四：可以加上指甲或相应的配饰，增加其视觉效果。

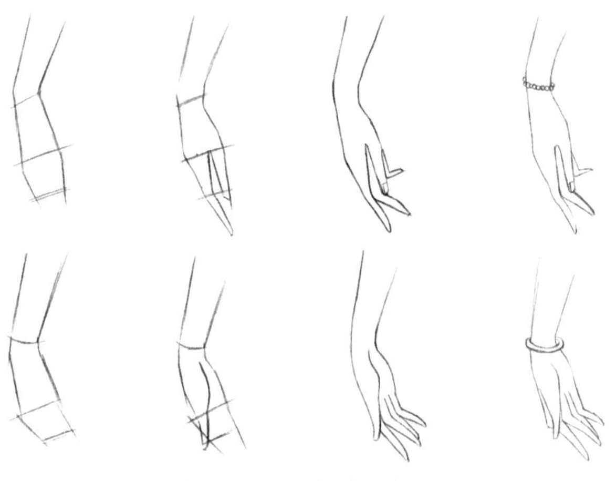

图 3-46 手的绘制步骤

2. 不同动态的手

手的动态灵活多变，绘制起来有一定的难度，因此需要针对不同动态的手部多加练习，图 3-47 是一些常见的手部动态。

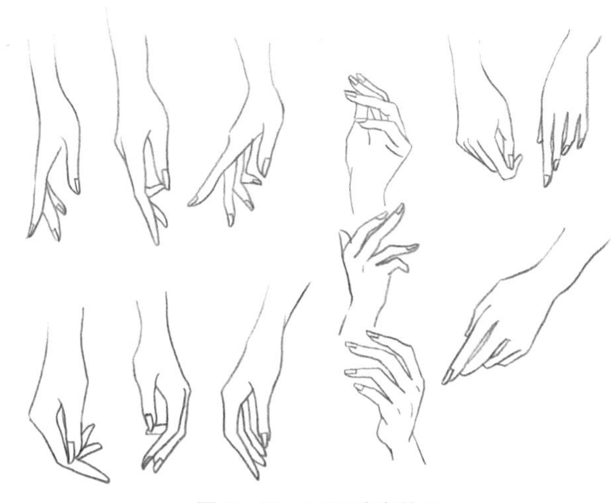

图 3-47 不同动态的手

（二）手臂的表现

手臂由上臂、手肘和前臂三部分构成的。我们可以将上臂看作是匀称的圆柱体，用平顺的线条表现即可；前臂看作是纺锤状，前臂上侧靠近手肘处有明显的凸起，绘制时要注意表现出曲线的变化（图 3-48）。

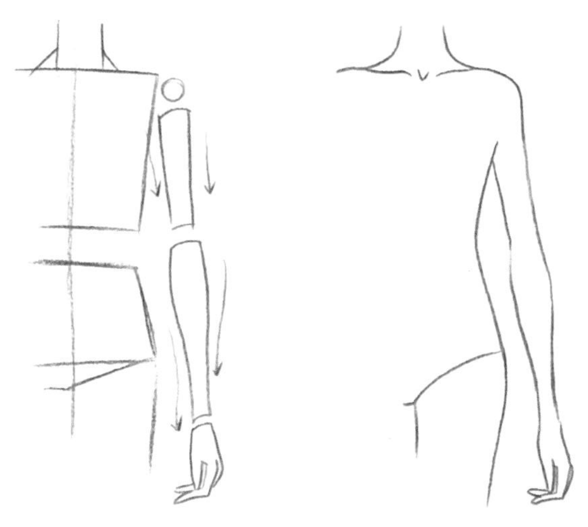

图 3-48　手臂的结构示意

1. 手臂的绘制步骤

手臂的绘制步骤如图 3-49 所示。

步骤一：绘制出与手臂相连接的肩线线条，用简单的线条概括出手臂的大致轮廓。

步骤二：绘制出上臂的弧线，注意与肩膀的衔接。

步骤三：绘制出手肘与前臂的弧线，注意与上臂的衔接。

步骤四：加上手的动态，进一步深化细节。

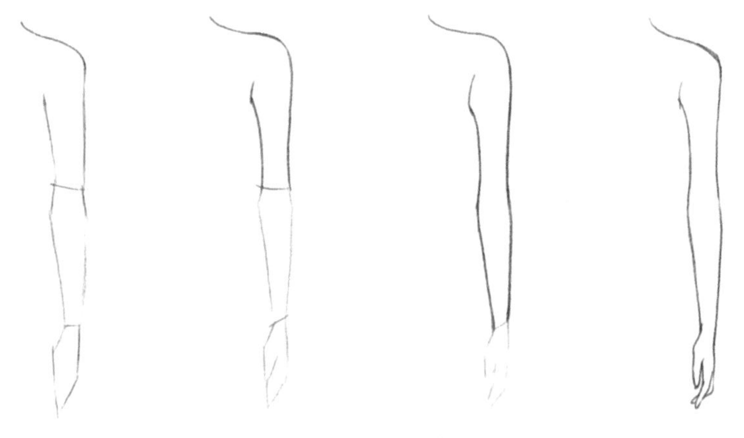

图 3-49　手臂的绘制步骤

2. 不同动态的手臂

手臂的动态也很多，绘制起来有一定的难度，因此需要针对不同动态的手臂多加练习，图 3-50 中是一些常见的手臂动态。

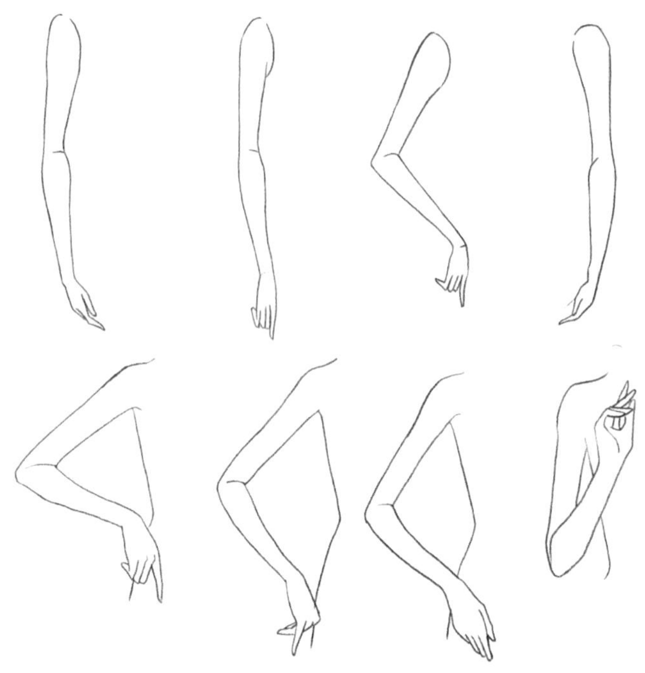

图 3-50　不同动态的手臂

（三）脚的表现

脚是支撑身体重量的部位，由脚腕、脚趾、脚背和脚跟四个部分构成（图 3-51）。脚掌一般较为厚实，脚趾也较为粗壮，脚背、脚跟和脚趾的扭动决定了脚的形态。与手相比，脚的动态相对较少。

此外，脚的表现与鞋息息相关，脚背的透视和绷起的弧度会根据鞋跟的高度而变化，因此在绘制脚时一般会连同鞋子一起进行表现。

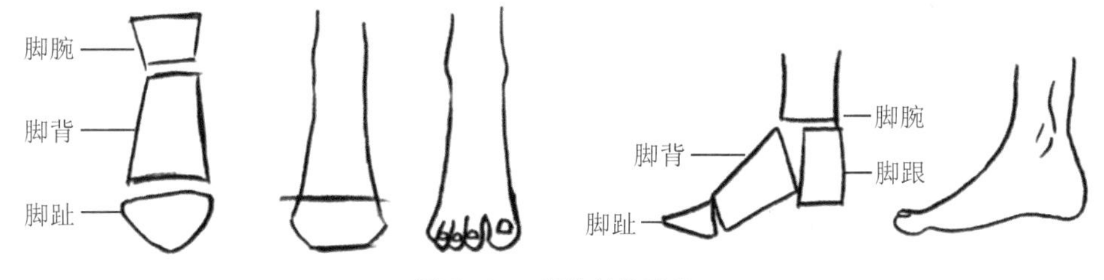

图 3-51　脚的结构示意

1. 脚的绘制步骤

脚的绘制步骤如图 3-52 所示。

步骤一：先确定脚的位置和大小，用简单的线条概括出脚的外轮廓。

步骤二：区分出脚的脚腕、脚背、脚趾的部分。

步骤三：确定鞋子的款式，贴合脚的形状绘制出鞋子的轮廓。

步骤四：进一步加深鞋子的细节。

2. 不同形态的脚

脚的动态不多，主要是由鞋子的款式来确定脚部整体的表现效果（图 3-53）。

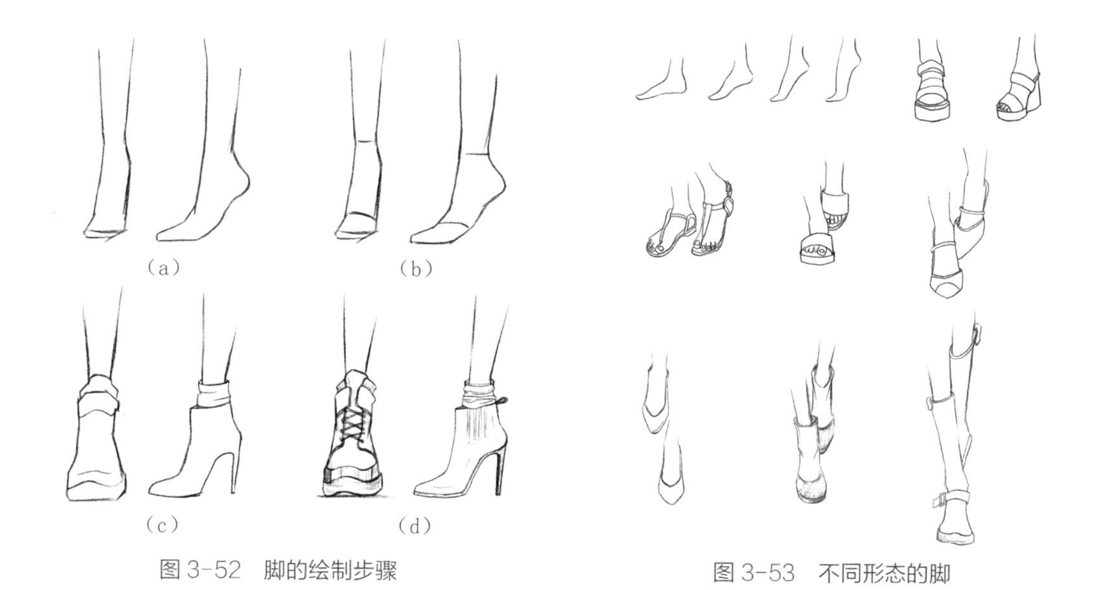

图 3-52 脚的绘制步骤

图 3-53 不同形态的脚

（四）腿的表现

腿部的结构与手臂非常接近，主要由大腿、膝盖、小腿构成（图 3-54）。但因为腿部起到支撑身体重量的作用，所以在绘制时应该表现的更具力量感。在自然直立的状态下，腿部会向内倾斜，整体呈现出向内收拢的状态；在侧面站立的情况下，大腿的起伏相对平缓，小腿后侧因为腓肠肌的形状明显，会形成 S 形的饱满曲线。

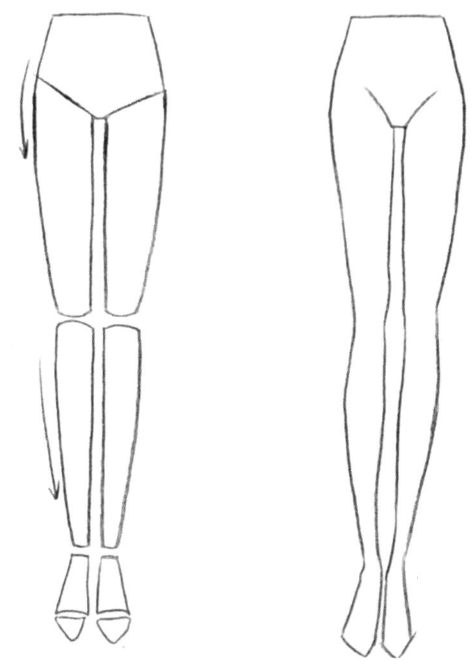

图 3-54 腿部的结构示意

腿部的动态多种多样，但在时装画效果图的绘制中，只需要掌握一些常用的站立和行走的腿部动态即可（图 3-55、图 3-56）。

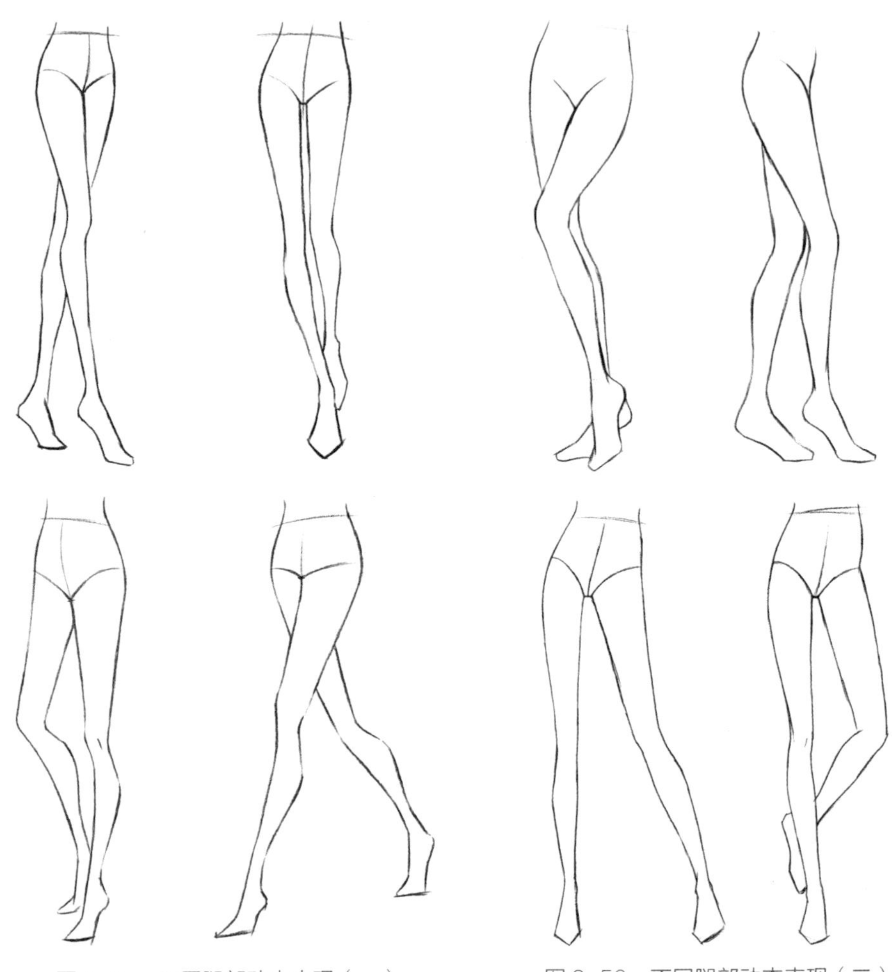

图 3-55　不同腿部动态表现（一）　　图 3-56　不同腿部动态表现（二）

第三节　人体动态表现

在分别理解和掌握了人体的造型基础知识和局部表现之后，应当尝试练习人体整体的动态表现。在时装画中，常用的人体动态一般分为两种：静态人体表现和动态人体表现。

一、静态人体表现

静态人体表现是指模特在站立、坐立等静止的姿势下的形态，在时装画中，一般只需要掌握站立的静态人体动态即可（图 3-57、图 3-58）。

二、动态人体表现

动态人体表现是指模特在行走、跑跳等动态的姿势下的形态，在时装画中，一般只需要掌握行走的动态人体姿态即可（图 3-59、图 3-60）。

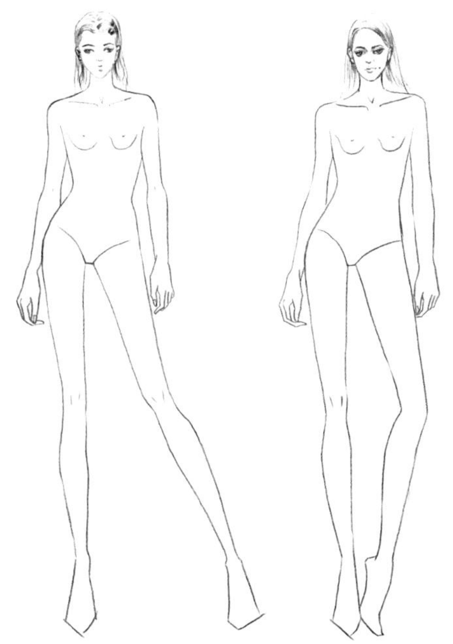

图 3-57　静态人体表现（一）

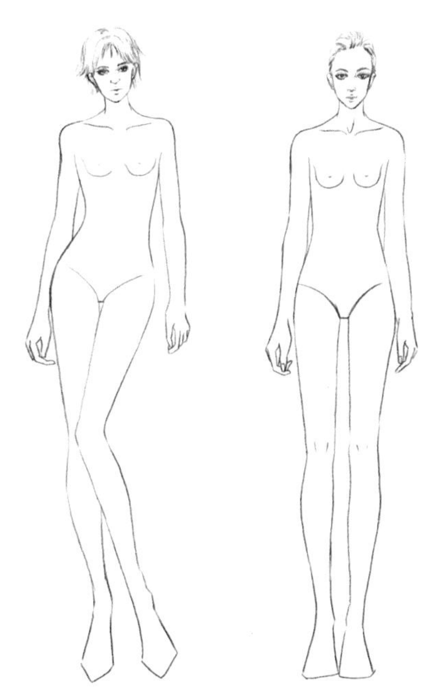

图 3-58　静态人体表现（二）

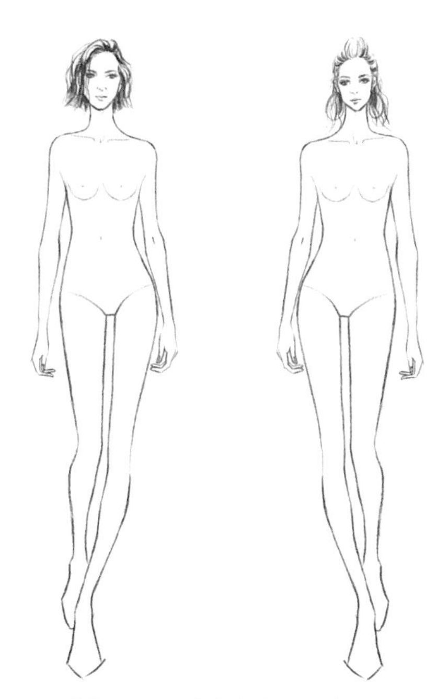

图 3-59　动态人体表现（一）

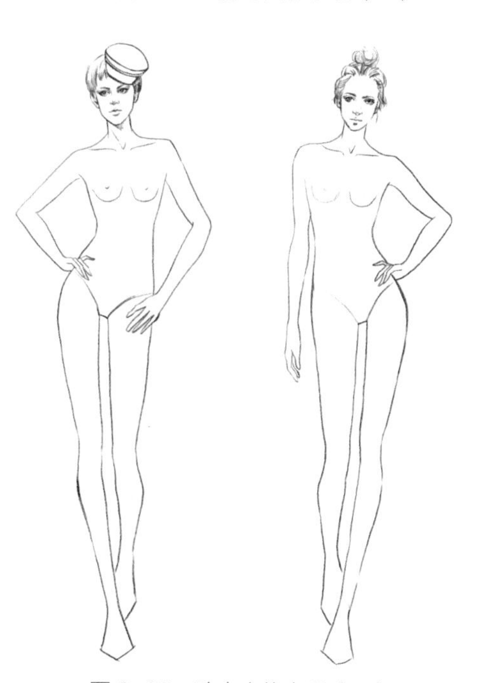

图 3-60　动态人体表现（二）

第四章
时装画线稿的绘制

英国画家布莱克曾说过："艺术品的好坏取决于线条"。在时装画的表现中，线条是造型的重要手段，时装的款式和人体的形态都要通过线条传达给观者，因此线稿的绘制在时装画中就成了极其重要的一环。

线是具体的，有粗线和细线之分、直线和弧线之分，不同线条适用的范围不同，给人的感觉也不尽相同。比如直线比较适用于挺括的西装、外套等服装轮廓的绘制，曲线则比较适用于绸缎、薄纱等材质的表达。因此在学习时装画的过程中，一定要学会通过不同的线条来表现人体的动态关系和服装的款式、材质等特性。

一张好的时装画，其表现技法不限，但都有完整和谐的线稿作为基础。完整的线稿包括时装人体、服装廓形、局部细节等多方面，本章将分别从这些方面逐一进行讲解。

第一节　服装的常见廓形

人体着装时一般分为两个部分：上装和下装。上装一般除衣服主体本身外还有衣领、门襟、袖子这几个内部结构。下装一般为裤子、裙子等结构类型。

服装内部结构的变化会导致服装的廓形有所改变，服装廓形是服装整个外轮廓的形状，是服装设计构思的基础。服装的廓形变化主要以参考人体肩、胸、腰、臀的起伏变化作为依据，决定着服装的具体造型（图 4-1、图 4-2）。

目前国际上主要以字母分出了五个廓形，分别是 X 形、H 形、O 形、T 形、A 形，另外也包括一些由基本廓形延伸而来的服装廓形。

一、X 形

X 形是最为传统的女装廓形，也是历史上使用时间最长的服装廓形。X 形的服装能更好地展现出女性丰胸、细腰、宽臀的身体曲线，充分体现出女性的魅力（图 4-3）。

二、A 形

A 型是一种上窄下宽的造型，主要以不收腰、宽下摆，或收腰、宽下摆为基本特征，上衣一般肩部较窄或裸肩。在现代服装中，A 形的服装可以弱化人的身体曲线，展现出宽松、简洁的休闲感（图 4-4）。

图 4-1　常见的服装廓形 1

图 4-2　常见的服装廓形 2

图 4-3　X 形的服装

图 4-4　A 形的服装

三、H 形

H 形类似于直筒形，是指腰部宽松的廓形。H 形出现在 19 世纪末 20 世纪初，女性的着装从紧身胸衣的束缚中解脱出来，向着更为舒适的方向发展。著名的夫拉帕样式（Flapper）就是 H 形服装的代表之一（图 4-5）。

四、T 形

T 形一般是指肩部夸张的服装样式。T 形的女装具备了男装的特性，强调了女性强势的一面，模糊了男女两性的性别特征（图 4-6）。

图 4-5　H 形的服装

图 4-6　T 形的服装

五、O 形

O 形是运动装及休闲装常用的样式，宽松的空间满足大幅度肢体行动的需求。此外，造型独特的袖子也容易形成 O 形廓形，产生极强的装饰性（图 4-7）。

六、其他

服装的廓形繁多，除了以上五种常见的基本廓形，还有一些由基本型延伸而来的其他服装廓形，比如长方形、伞形、不规则形等（图 4-8）。

图 4-7　O 形的服装

图 4-8　其他廓形的服装

第二节　时装画的局部绘制

服装的局部造型是指服装各部件的造型，包括衣领、衣袖、衣袋、门襟等局部的塑造。局部造型是服装整体表现的基础，与时装画画面效果是否完美有密切关系。在进行时装画的局部绘制时，最好先对服装局部的结构有一定的了解，这样绘制起来才能得心应手。

一、衣领的绘制

衣领是服装的视觉中心，在服装中占有相当重要的地位，得体的衣领可以表现出模特的风度和气质。衣领主要可以分为无领、装领和连身领三种。衣领的构成元素包括领圈、领座、翻折线、领面、领尖等，各元素不同的大小、高低、形状构成了不同的款式。

（一）衣领的绘制步骤

在设计衣领的时候要注意衣领和肩部的关系。紧贴脖子的衣领，比如有领座的衬衫领，需要留出脖子的活动空间；开门领则受到脖子的限制较少，结构上会更加自由。

下面以基础的衬衫领为例讲解衣领的绘制步骤（图 4-9）。

步骤一：先用较浅的线在脖子上定出衬衫领的大概位置，注意衣领和脖子之间的空间感。

步骤二：绘制出衬衫领的具体形状，注意领子左右要对称。

步骤三：绘制出衬衫领的具体细节。

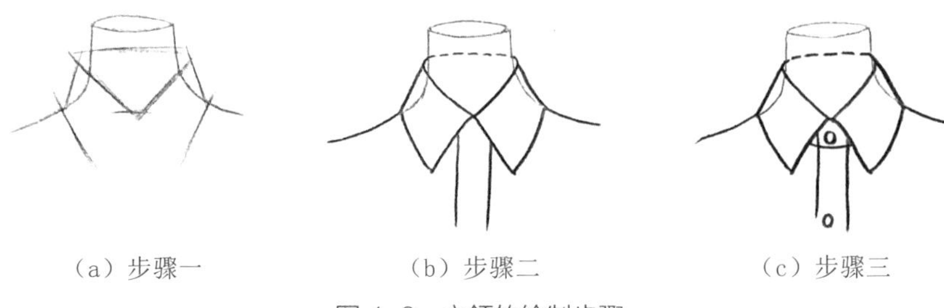

（a）步骤一　　（b）步骤二　　（c）步骤三

图 4-9　衣领的绘制步骤

（二）不同款式的衣领

衣领有很多不同的款式，在学习时装画的绘制过程中，应该多观察和练习不同衣领的画法，图 4-10 上是常见的一些衣领样式。

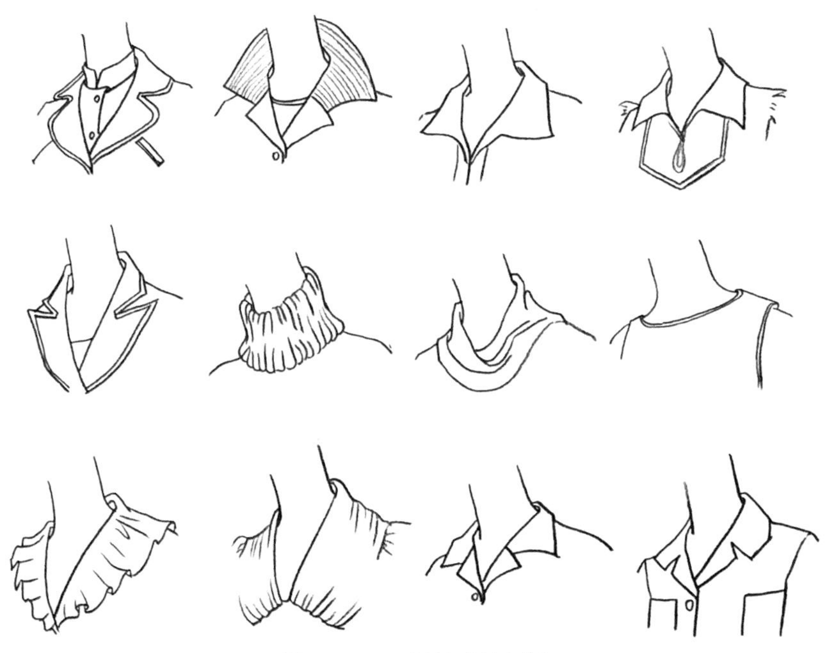

图 4-10　不同款式的衣领

二、衣袖的绘制

衣袖是所有服装部件中最具分量感的部件，衣袖的造型在很大程度上能够决定服装的整体廓形。以衣袖外形为分类依据，可分为无袖、连袖、装袖、插肩袖等；以袖长为分类依据，可分为长袖、中袖、短袖、盖袖等。

服装衣袖的造型千姿百态，款式多种多样。通常而言，不同的袖子会和相应的服装款式进行搭配：比如两片袖搭配西装或外套，一片袖搭配衬衫或连衣裙。

（一）衣袖的绘制步骤

在绘制衣袖的时候，要注意衣袖要符合手臂的弯曲程度，表现出肩与袖随着人体动态变化产生的变形和褶皱，同时还要注意衣袖造型的平衡性和对称性。

下面举例说明衣袖的绘制步骤（图 4-11）。

步骤一：先用较浅的线在手臂上定出衣袖的大概位置，注意衣袖和手臂之间的空间感。

步骤二：绘制出衣袖的整体轮廓及具体款式。

步骤三：进一步加深衣袖的细节。

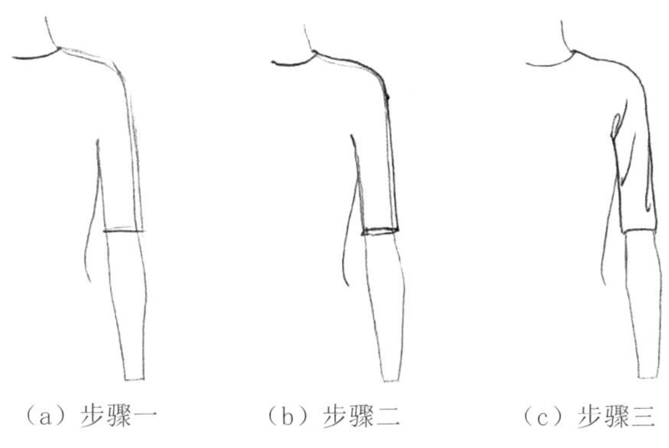

（a）步骤一　（b）步骤二　（c）步骤三

图 4-11　衣袖的绘制步骤

（二）不同款式的衣袖

上述已经介绍过衣袖的不同分类，因此在学习时装画的过程中，应该多观察和练习不同衣袖的画法，图 4-12 是常见的一些衣袖样式。

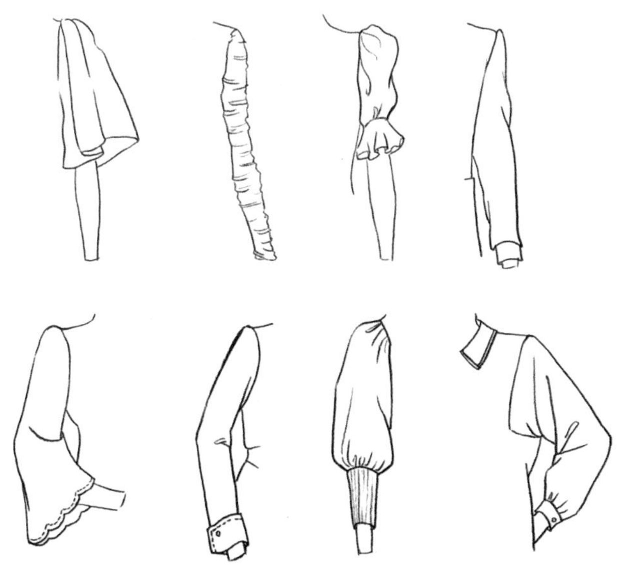

图 4-12　不同款式的衣袖

三、门襟的绘制

要将服装穿在人体上，就必须考虑合适的穿脱方式，对门襟的设计就是对服装穿脱方式的设计。门襟可以分为两大类：一类是叠襟，左右衣片交叠，形成一定的重叠量，用纽扣、钉扣等方式来闭合门襟；另一类是对襟，衣片不需要重叠量，靠拉锁、挂扣、系绳等方式来闭合门襟。

（一）门襟的绘制步骤

下面以叠襟为例说明门襟的绘制步骤（图 4-13）。

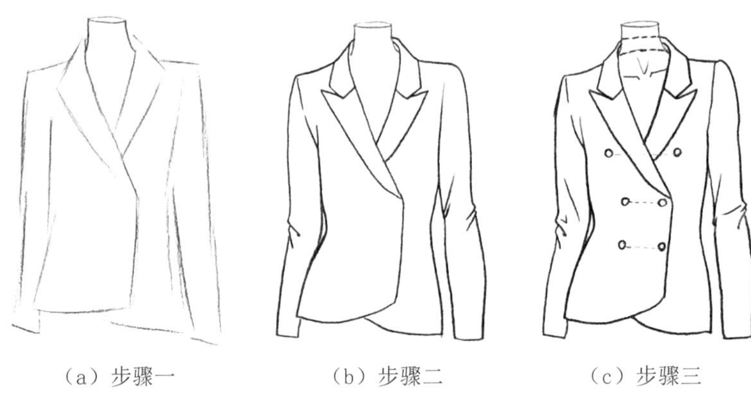

（a）步骤一　　（b）步骤二　　（c）步骤三

图 4-13　门襟的绘制步骤

步骤一：先用较浅的线在人体上定出上衣和门襟的大概位置，注意叠襟的上下关系。

步骤二：绘制出上衣的轮廓和门襟的具体款式。

步骤三：进一步加深门襟的细节。

（二）不同款式的门襟

门襟主要分为叠襟和对襟，在其各自的类别下又有许多不同的款式。因此在学习时装画的过程中，应该多观察和练习不同门襟的画法，图 4-14 是常见的一些门襟样式。

图 4-14　不同款式的门襟

四、衣袋的绘制

衣袋又叫口袋或者衣兜，是服装上最具功能性的部件之一，不同用途的服装会搭配不同类型的衣袋。衣袋可分为贴袋、挖袋、插袋、假袋等，在画衣袋的时候要注意衣袋的比例和所在位置。

（一）衣袋的绘制步骤

下面介绍衣袋的绘制步骤（图4-15）。

步骤一：先用简单的线条在服装上定出衣袋的大概位置。

步骤二：绘制出衣袋的整体轮廓及具体款式。

步骤三：进一步加深衣袋的细节。

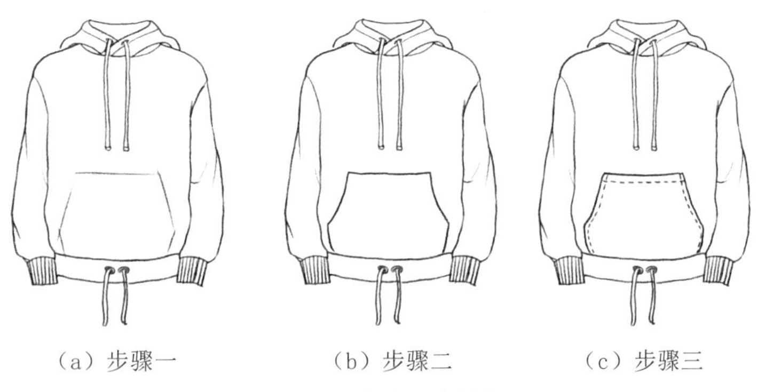

（a）步骤一　（b）步骤二　（c）步骤三

图4-15　衣袋的绘制步骤

（二）不同款式的衣袋

衣袋的款式很多，可以根据服装款式性质选择合适的衣袋样式，图4-16是一些常见的衣袋样式。

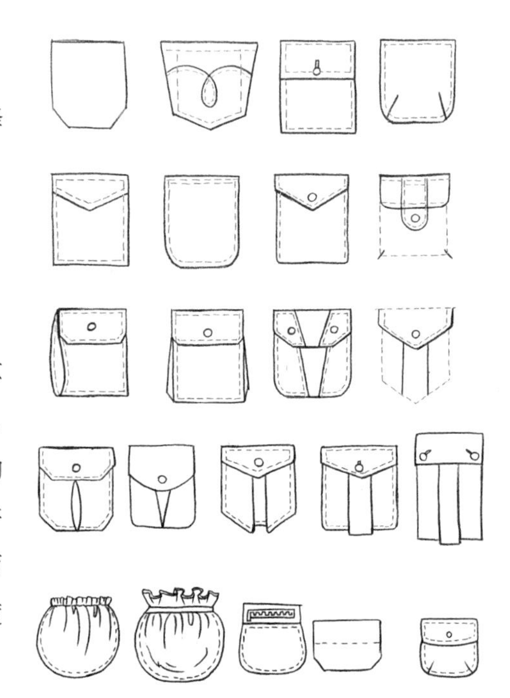

图4-16　不同款式的衣袋

五、褶皱的绘制

（一）褶皱的产生与方向

褶皱受到重力和人体支撑力的影响，会产生不同的形态。人体运动所产生的褶皱是有一定规律的，主要由竖褶和横褶组合而成（图4-17）。面料的材质也是影响褶皱形成的重要因素，面料越厚，产生的褶皱越少，褶皱越清晰分明；弧度越平滑，面料越薄，产生的褶皱越多，褶皱越反复缭乱，弧度越大。

一般的皱褶主要集中在人体关节弯曲处。比如人的膝盖弯曲时，膝盖后侧的衣服受到挤压，会跟随腿的方向产生不同的褶皱，而膝关节前面的衣服会因为拉扯而紧贴膝盖，呈现紧绷状态，此时膝盖前后侧的褶皱就会形成疏密关系的变化。并且，随着膝盖弯曲程度的变化，褶皱的疏密程度也会不同。

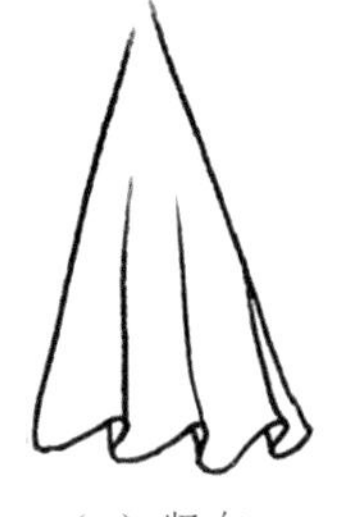
（a）竖向

（b）横向

图 4-17　衣褶的方向

（二）不同褶皱的表现

想要将服装绘制得生动自然，对褶皱的表现就必不可少。面料的质地、人体的运动、服装的款式以及工艺加工都会影响褶皱形态的变化，下面对褶皱的几种主要形式进行说明。

1. 挤压褶

肢体在运动弯曲时就容易产生挤压褶。挤压褶具有较强的方向性，会在身体弯曲下凹的地方汇集，最典型的挤压褶出现在肘弯处和膝弯处，形成放射状的褶皱（图 4-18）。

2. 拉伸褶

人体在伸展运动时就会形成拉伸褶。拉伸褶也是方向明确的放射状褶皱，抬起手臂或迈步时，在腋下和裆部就容易产生明显的拉伸感（图 4-19）。

（a）肘弯处

（b）膝弯处

图 4-18　挤压褶

（a）腋下

（b）裆部

图 4-19　拉伸褶

3. 扭转褶

扭转褶通常出现在可以扭动的关节部位，最为明显的是腰部，上臂和脖子等处也会出现少量的扭转褶。通常扭转褶的褶皱不如挤压褶明显，但如果服装在腰部有较大的松量并扭转明显，则会产生较明显的长褶（图 4-20）。

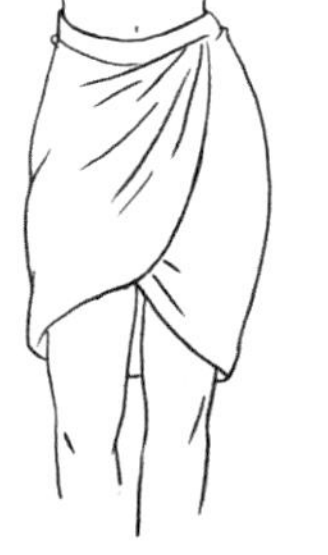

图 4-20　扭转褶

4. 悬垂褶

悬垂褶是所有褶皱中最自然的形态，如果人体处于稳定站立的状态，悬挂的布料受重力影响，会呈现出纵向的长褶皱。服装越宽松，产生的褶量就越大，褶皱也越鲜明（图 4-21）。

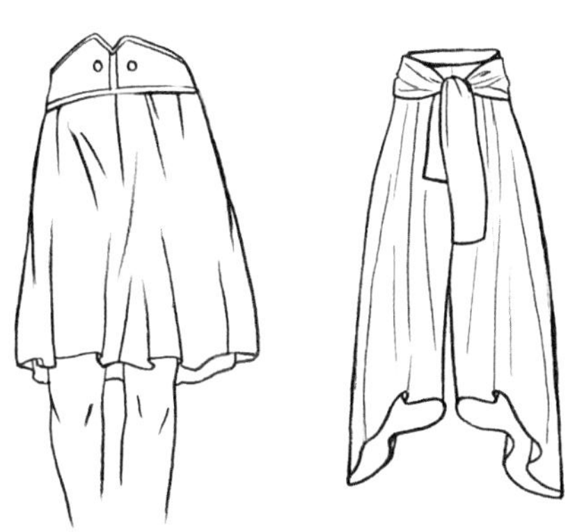

图 4-21　不同款式的悬垂褶

5. 系扎褶与缩褶

将原本宽松的布料用腰带收拢，就会产生系扎褶，如果将这些褶皱固定起来，就是缩褶。系扎褶和缩褶都是不规则的放射褶，从固定处向上下两侧发散。如果褶皱过于细碎，在绘制时要注意取舍，避免褶皱过于凌乱（图 4-22）。

6. 堆积褶

如果面料过长就会形成堆积褶，袖口、裤口或下摆处是最容易产生堆积褶的部位。堆积褶的褶量较小也没有明显的固定点，所以会形成半弧形或 Z 形的平行褶皱（图 4-23）。

（a）系扎褶　（b）缩褶

图 4-22　系扎褶与缩褶

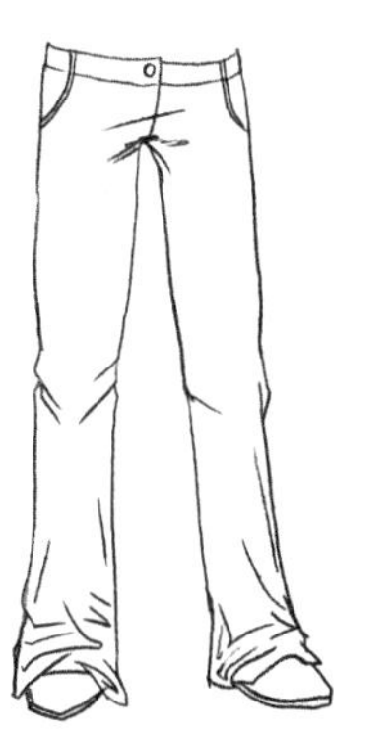

（a）裤口处堆积褶　（b）袖口处堆积褶

图 4-23　堆积褶

7. 褶裥和荷叶边

这两种褶皱是服装上极为常用的造型和装饰手段，从原理上来讲都属于缩褶，但外观上比缩褶更加变化多样。褶裥通常是规律性的叠褶或压褶，而荷叶边则更要注意其翻折变化和疏密穿插（图 4-24）。

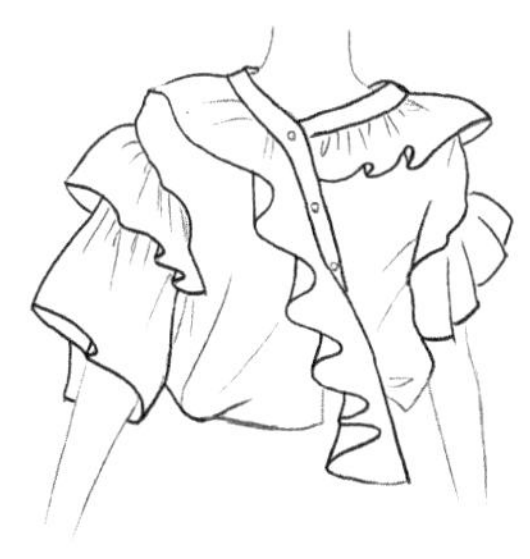

（a）褶裥　（b）荷叶边

图 4-24　褶裥和荷叶边

六、上衣的绘制

在进行上衣绘制的时候，要先观察人体动态，确定需要画什么款式的上衣，再依据面料确定使用什么样的笔触，挺括的面料需要多用直线表达，柔软的面料则需要多用曲线表达。

（一）上衣的绘制步骤

下面以基础的衬衫为例来介绍上衣的绘制步骤（图 4-25）。

步骤一：先用较浅的线在人体上定出衬衫的大概位置，注意衬衫和人体之间的空间感。

步骤二：绘制出衬衫的整体轮廓及具体款式。

步骤三：进一步加深衬衫的细节，加上扣子、袖口的设计。

（a）步骤一　（b）步骤二　（c）步骤三

图 4-25　上衣的绘制步骤

（二）不同款式的上衣

上衣有很多不同的款式，有长袖、短袖之分，有内搭、外套之分，因此在学习时装画的过程中，应该多观察和练习不同上衣的画法，图 4-26 是常见的一些上衣样式。

图 4-26　不同款式的上衣

七、裤装的绘制

裤子是人们下身所穿的主要服装，原本是贴身及膝的男性服装，20 世纪以后男女都开始穿着裤装。

（一）裤子的绘制步骤

下面介绍裤子的绘制步骤（图 4-27）。

步骤一：先用较浅的线在人体上定出裤子的大概位置。

步骤二：绘制出裤子的整体轮廓及具体款式。

步骤三：进一步加深裤子的细节。

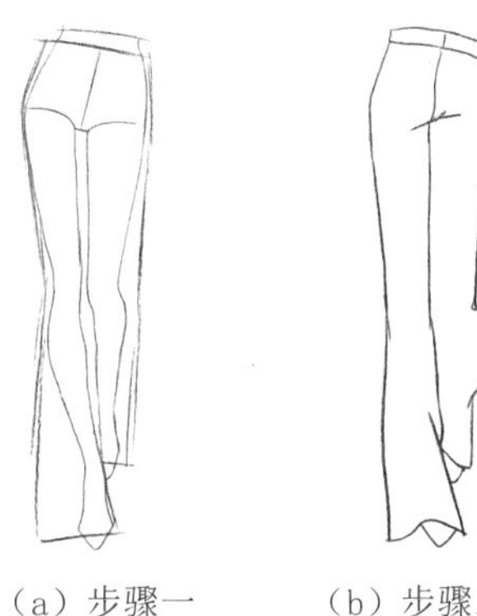

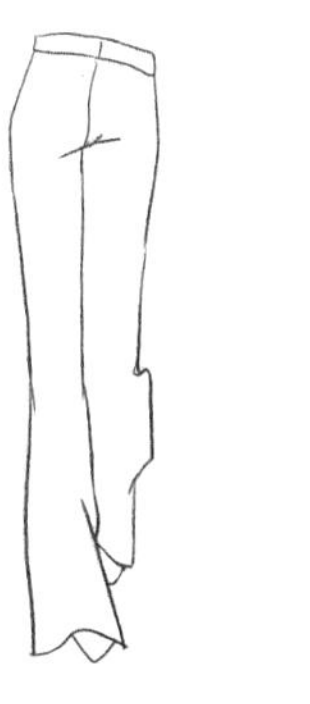

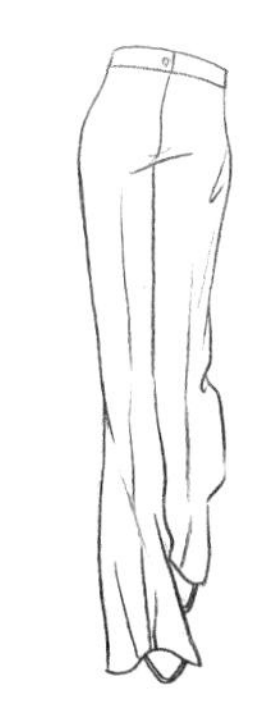

（a）步骤一　（b）步骤二　（c）步骤三

图 4-27　裤子的绘制步骤

（二）不同款式的裤子

根据裤子的裤长、裤宽和皮带位置的不同，裤子的款式变化多样，有长裤、短裤之分，有阔腿裤和合身裤之分。因此在学习时装画的过程中，应该多观察和练习不同裤子的画法，图 4-28 是常见的一些裤子样式。

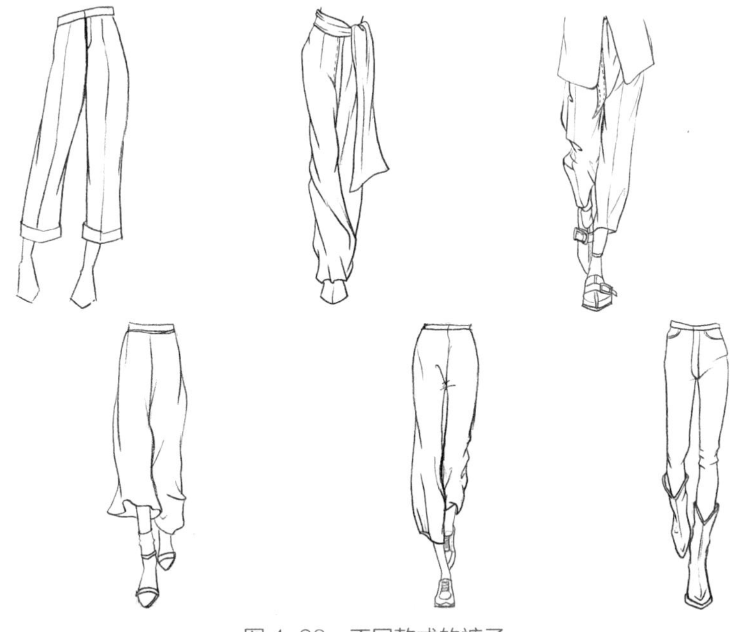

图 4-28　不同款式的裤子

八、裙装的绘制

裙装是人类最早的服装类型，因其通风散热性能好、穿着方便、行动自如、美观、样式变化多等诸多优点，为人们喜爱，以女性和儿童穿着较多。

（一）裙子的绘制步骤

下面介绍裙子的绘制步骤（图 4-29）。

步骤一：先用较浅的线在人体上定出裙子的大概位置。

步骤二：绘制出裙子的整体轮廓及具体款式。

步骤三：进一步加深裙子的细节。

（a）步骤一

（b）步骤二

（c）步骤三

图 4-29 裙子的绘制步骤

（二）不同款式的裙子

裙子的款式也有很多：按裙腰在腰线的位置区分，有中腰裙、低腰裙、高腰裙；按裙长区分，有长裙、中裙、短裙和超短裙；按裙廓形区分，大致可分为筒裙、斜裙、缠绕裙三大类。所以在学习时装画的过程中，要多观察和练习不同裙子的画法，图 4-30 是一些常见的裙子样式。

图 4-30 不同款式的裙子

第三节 时装画效果图的线稿绘制

时装画是由线稿和色彩两大部分组成的效果图，线稿是上色的基础。在掌握了人体的动态、五官、发型、服饰的绘制之后，我们需要大量地练习时装画效果图的线稿绘制，掌握扎实的手绘技能，为后期上色打好基础。在练习过程中，初学者可以先根据秀场照片来绘制时装线稿，熟练后可以脱离照片进行自己的创作（图 4-31、图 4-32）。

图 4-31　秀场图转化为线稿（一）

图 4-32　秀场图转化为线稿（二）

一、时装画线稿的绘制步骤

（一）以针织连衣裙为例的线稿步骤详解

这个范例选取的表现对象是一件较为宽松的针织连衣裙，在连衣裙的正面有较明显的麻花花纹，这是一种比较经典的针织样式。在绘制针织质地的衣服时，要注意对领口、袖口、下摆处针织纹样的绘制，这些地方也能体现针织的特性（图 4-33）。

步骤一：用铅笔绘制出模特行走的动态。这一步要注意人体及各部分的比例，同时要注意人体的胯部要随着行走的动态而向左边摆动。

步骤二：绘制出模特发型的轮廓，并按照三庭五眼的关系在面部定出五官的位置。

步骤三：在人体的基础上绘制出衣服和鞋子的大致轮廓。由于针织长裙是较为宽松的款式，这一步要注意留出衣服的松量。

步骤四：深入刻画模特的五官，并绘制出针织连衣裙上的针织花纹和鞋子的细节。

（a）步骤一　（b）步骤二　（c）步骤三　（d）步骤四

图 4-33　针织连衣裙的绘制步骤

（二）以小礼服为例的线稿步骤详解

这个范例选取的表现对象是一件裹胸设计的、侧面开衩的小礼服，它的款式较为紧身，要特别注意褶皱包裹着人体的状态，根据人体的结构起伏来确定褶皱的走向，同时也要注意首饰和包袋等配件的刻画。图 4-34 是小礼服的绘制步骤。

步骤一：用铅笔绘制出模特行走的动态。这一步要注意人体及各部分的比例，同时要注意人体的胯部要随着行走的动态而向左边摆动。

步骤二：绘制出模特发型的轮廓，并按照三庭五眼的关系在面部定出五官的位置。

步骤三：在人体的基础上绘制出衣服、鞋子、配饰的大致轮廓。由于小礼服是较为修身的款式，所以要注意服装和人体之间的关系。

步骤四：深入刻画模特的五官，并绘制出小礼服上的褶皱及鞋子、配饰的具体细节。

（a）步骤一　（b）步骤二　（c）步骤三　（d）步骤四

图 4-34　小礼服的绘制步骤

二、时装画线稿赏析

时装画线稿作品赏析（图 4-35 ~ 图 4-45）。

图 4-35　时装画线稿 1

图 4-36　时装画线稿 2

图 4-37　时装画线稿 3

图 4-38　时装画线稿 4

图 4-39　时装画线稿 5

图 4-40　时装画线稿 6

图 4-41　时装画线稿 7

图 4-42　时装画线稿 8

图 4-43　时装画线稿 9

图 4-44　时装画线稿 10

图 4-45　时装画线稿 11

第五章
时装画色彩的绘制

在日常生活中我们看到事物的时候，首先吸引我们眼球的是色彩。走进一家服装店时，我们首先注意到的是服装的颜色，走近后我们才会进一步观察服装的款式和其他细节。我们平时走在街上也会有相似的体验，远处走来一位女士，首先映入眼帘的是她着装的色彩。色彩是通过眼、脑和我们的生活经验所产生的一种对光的视觉效应，色彩同时也会带给人不同的心理感受。例如，红色、黄色会让人感受到温暖、热情；蓝色会让人觉得清冷、平静；黑色会让人觉得沉稳、严肃；白色会让人觉得纯洁、干净。因此，不同的服装色彩会带给人不同的视觉和心理感受，设计师要通过不同的场合、季节等客观需求设计服装。

色彩、款式、材料是服装设计的三大要素。色彩作为三大要素之一在具有视觉上美化服装功能的同时，还具有实用功能。例如，在一些严肃正式的场合，我们常穿着黑色或其他深色来表示对该场合的尊重，同时穿着黑色会让人看起来更加成熟稳重。当出门游玩时，我们通常会选择色彩较为光鲜亮丽的服装，这会给人轻松、愉快的视觉感受。服装色彩受季节性的影响也很大，夏天穿着浅色可以反射阳光使人更加凉爽；冬天穿着深色可以起到吸收阳光使人更加温暖的作用。服装色彩的选择还受穿着者的年龄、地域、身材等方面的影响。年轻人穿着服装相对老人较为亮丽；在我国很多少数民族有着自己特有的服装色彩搭配形式；身材偏胖的人穿深色较为显瘦，瘦小的人会选择亮色使自己看上去更加精神。对于设计师来说，服装色彩的设计不仅要满足实用性条件的需求，同时也要顺应未来服装色彩的流行趋势。设计师要从色彩的实用、美观、流行等多方面入手，把握服装色彩的美感。因此，在绘制时装画前，熟练掌握基本的色彩知识尤为重要（图 5-1）。

图 5-1　某品牌 2016 春夏发布秀

第一节　色彩基础知识

要为时装画着色，控制画面的色调，必须要懂得色彩的基本知识以及色彩搭配的美感。从视觉角度区分色彩，大致可以分为无彩色和有彩色两大类。光谱上能够被肉眼所感知的色彩，属于有彩色；黑色、白色和不同深浅的灰色不包括在可见光谱中，属于无彩色。从色彩心理学的角度又可以将色彩分为暖色、冷色。红色、橙色、粉色等就是暖色，可以使人联想到火焰和太阳等事物，让人感觉温暖；蓝色、绿色等被称作冷色，这些颜色让人联想到水和冰，使人感觉寒冷（图 5-2）。

图 5-2　冷色与暖色

一、色彩简介

（一）色彩三要素

色彩三要素为色相、明度和纯度。

1. 色相

色相也称色调，是指色彩本身的相貌。所谓红色、黄色、蓝色、绿色等称呼的就是色彩的色相。色相是色彩的最大特征（图 5-3）。

2. 明度

明度也称光度、深浅度，是指色彩的明暗（即深与浅）程度。各种有色物体由于它们的反射光量的区别而产生颜色的明暗强弱。

3. 纯度

纯度也称彩度、饱和度，是指色彩的鲜浊程度，它取决于一种颜色的波长单一程度。色相越清晰明确，其色彩彩度越高，彩度最高的颜色被称为纯色，反之，加入灰色后就会钝化，彩度就会降低。黑色、白色和深浅不同的各种灰色属于无颜色，没有色相，所以彩度为零（图 5-4）。

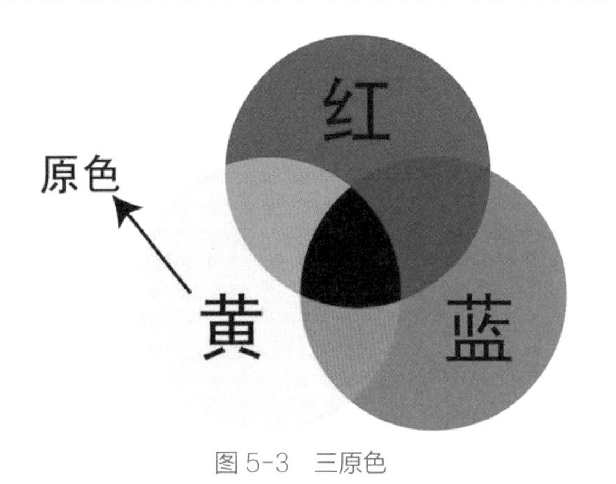

图 5-3　三原色

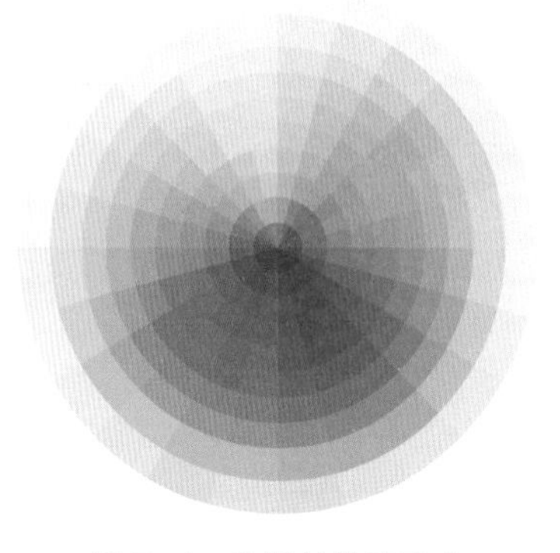

图 5-4　色彩的纯度变化

（二）色调

色调是表示色彩的明、暗、浓、淡、深、浅等状态的用语，是将明度与彩度结合起来的表示方法。即使是不同的色相，只要是同一色调，就可以给人同样的感觉。比如，春夏装多以粉色、绿色、黄色等浅色调为主，虽然颜色的色相各不相同，但同样给人可爱、轻松的印象，迎合季节明快、清爽的感觉。在服装设计中，色调的选择是非常重要的，这决定了下一季的流行趋势（图 5-5、图 5-6）。

图 5-5　色彩流行趋势分析

二、色彩的对比与调和

在服装设计中，色彩的对比与调和是既相辅相成又矛盾存在的。作为服装设计师，只有解决了色彩对比与色彩调和之间的关系，才能充分发挥色彩在服装中的作用，才能设计出好的设计作品。服装设计师一般通过色彩调和的手法来协调颜色与颜色之间的关系，使服装在看上去更加整体的同时又富有层次。色彩对比的手法则常被用来表达抽象、个性的设计理念（图5-7）。

在绘制时装画时，一旦画面中出现两种或两种以上的色彩，就会出现不同的色彩差异，此时就需要对色彩进行调和。设计师通过对色彩进行对比与调和以达到自己满意的效果，从而向外界传达自身的设计理念和意图。

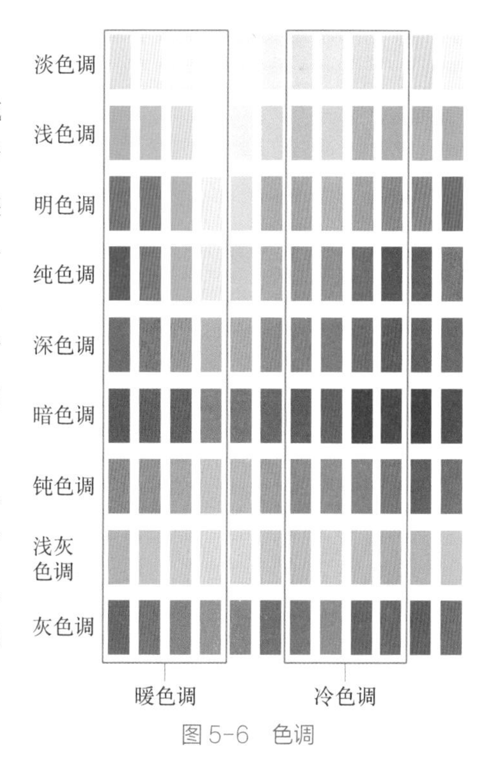

图5-6　色调

（一）色彩对比

色彩对比是指两个或两个以上的色彩放在一起，由于相互作用而显出各自的特点，简单地说对比就是一种差异，没有任何差别的事物就谈不到对比，它包括色相对比、明度对比、纯度对比、冷暖对比、补色对比等几种基本的对比关系（图5-8）。

图5-7　色彩的对比和调和

图5-8　色彩对比（作者：杨妍）

（二）色彩的调和

色彩的调和是指两种或以上的颜色在画面中发生的补充现象。色彩调和同色彩对比是相辅相成，相互依存的。没有了色彩调和也便没有了色彩对比反之亦然。色彩的调和能够给予观众视觉上的满足，并能够使画面的完整性加强。色彩调和可以使画面变化丰富，冲击力加强。常用的方法有色彩介入法、色彩加强法、控制面积法等。

（三）色彩对比与调和相辅相成

当确定了服装设计的主体与诉求之后，便需要运用色彩对比与色彩调和为服装设计出最协调而精彩的色彩关系。同时，当你确定服装主题之后，应该运用所掌握的色彩知识不断完善服装的色彩关系，让最终设计更加富有魅力和说服力，达到最佳的设计效果（图 5-9）。

图 5-9　色彩的对比与调和设计（作者：杨妍）

第二节　时装画人体的色彩表现

一、面部的色彩表现

面容是表现时装画人体整体状态的重要组成部分之一。由于时装模特的性别、年龄、国籍等因素的不同，在肤色、肤质方面也存在着较大的差异，因此在绘制面部时可以根据这些因素选择合适的妆容，从而使模特的面部特征更符合时装的整体风格。在时装画的表现中，最常用且必须要掌握的是年轻女性面部的绘制方法，因此这里以女性的面部绘制为例作具体的讲解。

面部色彩的绘制步骤如图 5-10 所示。

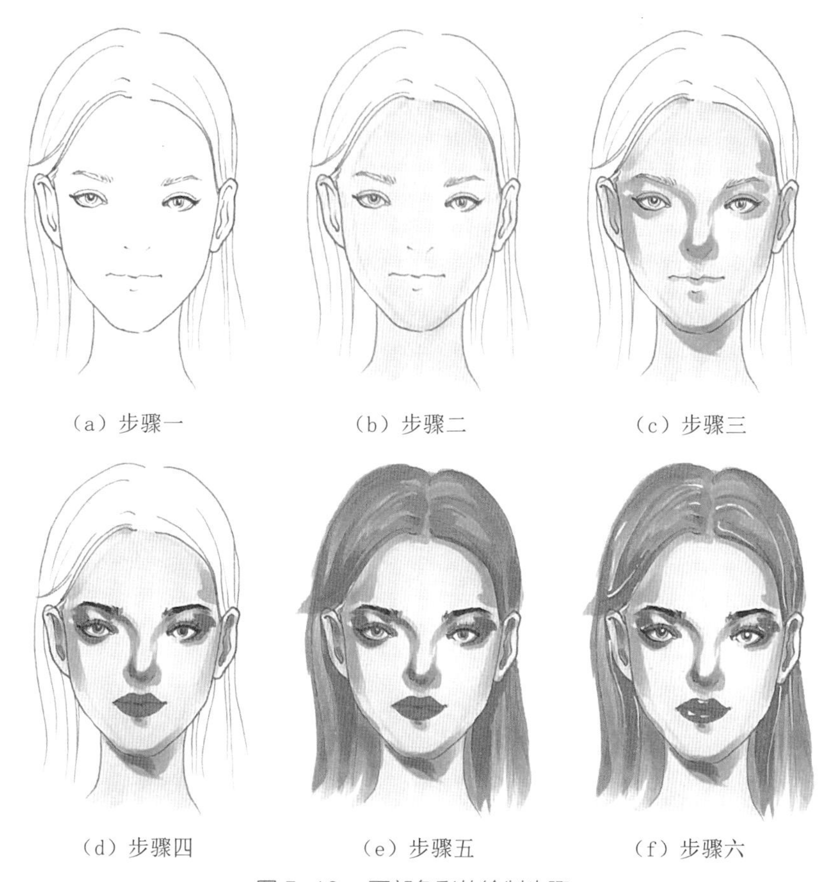

（a）步骤一　（b）步骤二　（c）步骤三

（d）步骤四　（e）步骤五　（f）步骤六

图 5-10　面部色彩的绘制步骤

步骤一：用铅笔勾勒出头部的线稿，着重刻画五官的结构和形状。这一步为了保证画面的整洁，可以用棕色的针管笔勾勒一遍铅笔线稿，并擦去多余的线条。

步骤二：选择合适的颜色作为肤色的主体色调，给面部整体上色。

步骤三：选择比主体肤色略深的颜色来绘制面部的阴影部分，依次画在眉弓下方、眼眶周围、鼻梁侧面和底部、颧骨、唇部及颈部，使面部具有立体感。

步骤四：刻画人物的五官，依次绘制出眉毛、眼睛、鼻子和嘴的细节。

步骤五：绘制出人物的发色，在头发和面部相接的位置也可以画上淡淡的投影，增强面部的立体感。

步骤六：进一步调整细节，在瞳孔、唇部或头发等需要提亮的地方加上高光。

二、人体的色彩表现

在绘制时装画时需要我们绘制人体色彩的案例有很多。例如，当我们绘制一件半透明纱质的礼服时，人体的肤色并不会被服装完全遮挡而要绘制出人体若隐若现的效果。此外，内衣时装画也是时装画中的一个部分，当绘制内衣时装画时，人体的大部分肌肤是裸露的，因此掌握人体的上色技巧对于设计师来说尤为重要。

人体色彩的绘制步骤如图 5-11 所示。

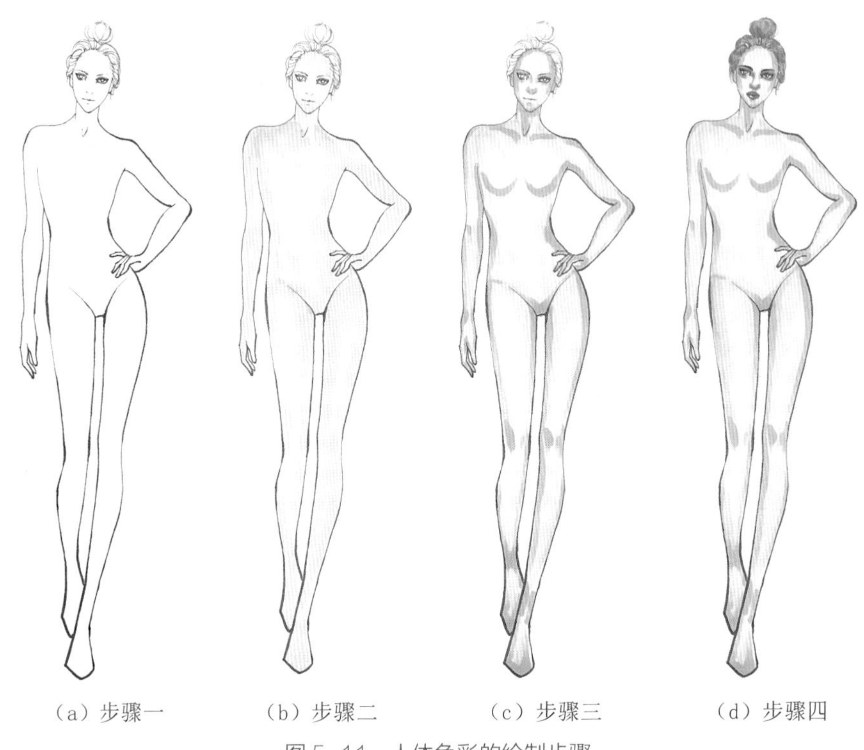

（a）步骤一　（b）步骤二　（c）步骤三　（d）步骤四

图 5-11　人体色彩的绘制步骤

步骤一：用铅笔勾勒出人体行走动态的线稿。这一步为了保证画面的整洁，可以用棕色的针管笔勾勒一遍铅笔线稿，并擦去多余的线条。

步骤二：选择合适的颜色作为肤色的主体色调，给人体上色。

步骤三：选择比主体肤色略深的颜色来绘制面部的阴影部分，一般在面部、脖颈、手臂、手腕、腿部、脚踝等处适当加深，使人体具有立体感。

步骤四：深入刻画面部五官及人体的明暗，进一步加深细节。

第三节　时装画的色彩表现

一、色系的表现

（一）红色系

红色是三原色之一，是典型的暖色调。人们见到红色往往会联想到红日、鲜血、红旗等。红色象征着生命、健康、热情、活泼和希望，能够使人产生热烈和兴奋的感觉。红色在汉民族的生活中还有着特别的意义——吉祥、喜庆（图 5-12、图 5-13）。

图 5-12　红色系时装流行趋势

图 5-13　红色系时装绘制

（二）黄色系

黄色是所有色相中最能发光的色彩。黄色系的服装明视度很高，引人注目，它给人的感觉是干净、明亮而且富丽。日常服装中常见的有淡黄色、米黄色、琥珀色、茶褐色、赭石色等（图 5-14、图 5-15）。

图 5-14　黄色系时装流行趋势

图 5-15　黄色系时装绘制

（三）蓝色系

蓝色是三原色之一，是最冷的色彩。蓝色系的服装给人以纯净的感觉，有冷静、理智、广阔与安宁的视觉印象（图 5-16、图 5-17）。

图 5-16　蓝色系时装流行趋势

图 5-17　蓝色系时装绘制

（四）绿色系

绿色色感温和、新鲜，有很强的活力、青春感。在搭配绿色的服装时要特别注意利用绿色的系列色，如墨绿、深绿、翠绿、橄榄绿、草绿、中绿等的呼应搭配（图 5-18、图 5-19）。

图 5-18　绿色系时装流行趋势

图 5-19　绿色系时装绘制

（五）白色系

白色象征着洁白、纯真、高洁、稚嫩，给人的感觉是干净、素雅、明亮、卫生。白色能反射明亮的太阳光。白色是明度最高的色系，它有膨胀的感觉，特别是和明度低的色彩相搭配时效果更好（图5-20、图5-21）。

图5-20　白色系时装流行趋势

图5-21　白色系时装绘制

（六）黑色系

黑色是一种明度最低的色调，它是具有严肃感和稳重感的色彩。黑色给人以后退、收缩的感觉。在某些场合可以引起悲哀、险恶之感（图5-22、图5-23）。

图5-22　黑色系时装流行趋势

图5-23　黑色系时装绘制

二、色调的表现

客观地说，每个人都有一种与生俱来的对某种色彩的偏爱，凡被一个人偏爱的颜色，这些颜色通常和他自身的肤色相和谐。如果每个人都能从自己偏爱的颜色中去充分发挥，向邻近的颜色延伸，那就会形成一个完整的、和自己颜色相协调的色彩系列，利用这一系列色彩来搭配自己的服装，再顾及自己的性格、体形，最后必然会取得理想的穿着效果。实际上，这就是最适合你的色彩风格，也就是你个人着装的色彩风格。

就色彩冷暖倾向而言，色调可以有冷色调、暖色调和中性色调。就色彩明度倾向而言有高明色调、中明色调、低明色调之分；就色彩色相倾向而言则可以有红色调、绿色调和蓝色调；就色彩纯度倾向而言可分为高纯度色调、中纯度色调和低纯度色调；就色彩的对比度而言则可划分为强对比色调和弱对比色调。由此可见，从不同的角度可对画面的色调有不同的分类。本节将从最常用的冷暖倾向的分类对时装画色调进行讲解。

（一）暖色调

暖色调是指使人心理上产生温暖感觉的红、橙、黄、棕色以及由它们构成的色调（图 5-24、图 5-25）。

图 5-24　暖色调时装画 1（作者：吴艳）

图 5-25　暖色调时装画 2（作者：王佳音）

（二）冷色调

冷色调给人以平静、安逸、通透、凉快的心理感受。冷色调的亮度越高，越偏清冷，通常是指象征着森林、天空、大海的绿色、蓝色、紫色等颜色（图 5-26、图 5-27）。

图 5-26　冷色调时装画 1（作者：李潇鹏）

图 5-27　冷色调时装画 2（作者：王佳音）

（三）中性色调

黑、白、灰是常用到的三大中性色。黑、白、灰这三种中性色能与任何色彩搭配起到调和、缓解的作用。它们给人们的感觉轻松，可以避免疲劳，产生沉稳，得体，大方的效果。中性色主要用于调和色彩搭配，突出其他颜色（图 5-28、图 5-29）。

三、色彩搭配的基本方案

服装配色实际上是服装色彩的组合。在设计服装色彩之前，不仅要搞清楚每一种颜色的性格，还要掌握配色的艺术性与配色的基本方法，要懂得如何确立主色调，或者从什么颜色开始。服装色彩搭配的行为主体是人，主体人在特定生理、心理、环境条件下，以具体的社会文化、时代特性为行为执行的背景，对服装色彩搭配效果的评价、选择及使用方式构成了服装行为宏观的社会基础和审美基础。服装色彩不仅要把握宏观效果，还要从微观上注意色彩与色彩之间的明度、色相、纯度等要素之间的适度关系（图 5-30）。

时装画的配色与服装的配色相同，同时还要与肤色、发色、环境色相协调。仅对单个着装人物着色相对容易得多，如果是两个人物以上或者也要给背景着色就要考虑人物与人物之间色彩的搭配，人物与背景的关系，画面色调统一与对比的关系，色彩明度对比、彩度对比关系等诸多问题，多观察，多体会，多练习，提高自己的色彩修养及感受能力，便能创作出色彩美丽的画面（图 5-31）。

图 5-28　中性色调时装画 1（作者：吴艳）

图 5-29　中性色调时装画 2（作者：李潇鹏）

图 5-30　系列时装画

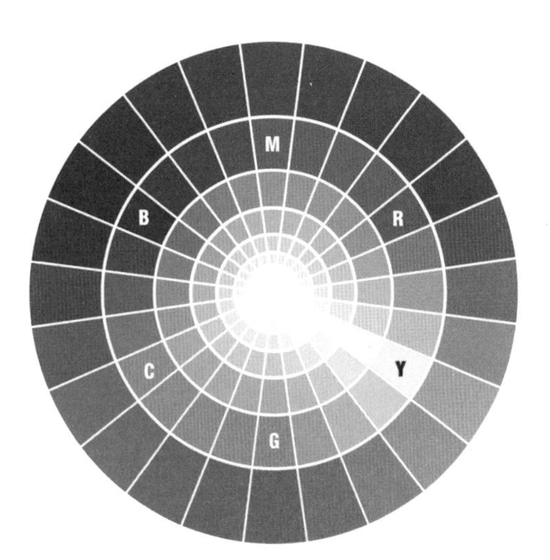

图 5-31　色相环

（一）类似色的搭配

在色环中，相邻近的色彼此间都是类似色，彼此间都拥有一部分相同的色素，因此在配色效果上，也属于较容易调和的配色。但邻近色也有远邻、近邻之分，近邻色有较密切的属性，易于调和；而远邻色必须考虑个别的性质与色感，有时会有一些微小的差异，这与色彩的视觉效果相关联，直接与色差及色环距离有关。类似色的色彩搭配关系形成了色相弱对比关系（图5-32）。

（二）对比色的搭配

对比色组合是指色环上两个相隔比较远的颜色相配。其在色调上有明显的对比，如黄色和青色、橙色与紫色、红色与蓝色等，给人的感觉比较强烈，不宜太多使用。将对比色运用在服装上能收到艳丽明快的效果，但是，对比色的搭配显得个性很强，较容易使配色效果产生不统一和杂乱的感觉。所以在采用这种服装配色时，可以对色彩的明度或纯度进行降低，以达到适宜的视觉效果（图5-33）。

图5-32　类似色的搭配

图5-33　对比色的搭配

第四节　时装画中常用工具的表现技法

艺术领域对新形势、新材料的探索直接影响到了时装画的发展，20 世纪 70 年代以来，服装设计师们顺应时代的潮流，采用了大量不同的手法来表现时装画。采用不同绘画工具进行新的创作往往使画面呈现多元化的形式。本章介绍几种时装画常用工具，如果我们开拓思路，用不同材料、不同手法表达作品，可能会产生意想不到的效果和趣味。

一、彩铅的表现技法

彩铅主要有溶于水和不溶于水两种，一般选用水溶性彩铅来绘制时装画。主要分为平涂法和水溶法。

需要注意的是，在用彩铅平涂时，要顺着面料的肌理纹路的方向来画，平涂在纸上的笔纹不要太乱。彩铅平涂时，分单色表现和混合色表现，单色表现可以通过手的力度来控制画面的明暗；混合色表现是要通过不同颜色在纸面上来调出明暗。彩铅水溶法是将水溶性彩铅画在纸上，再用毛笔加水将纸面上的彩色铅笔晕染开，也可呈现出水彩的效果。

（一）彩铅绘制针织服装步骤

彩铅绘制针织服装步骤如图 5-34 所示。

步骤一：绘制线稿。先用铅笔在纸上画出人体动态图，然后参考“三庭五眼”的比例位置画出头部及五官轮廓，再参考人体动态图画出针织毛衣和鞋子的轮廓。

步骤二：绘制头部和肤色。用黄色彩铅填充头部和腿部的颜色，用棕色填充头发。再进一步加深皮肤暗部，着重加深上眼线、下眼线、鼻底和嘴唇颜色。并且进一步深化。

步骤三：绘制毛衣。用灰色彩铅勾画出毛衣的肌理，加深毛衣和鞋子的暗部。

步骤四：进一步深化毛衣肌理，根据转折加深毛衣暗部，注意毛衣纹理的虚实表现，画出胸章和手中装饰物，再用棕色彩铅加深鞋子暗部。

步骤五：最终勾画出毛衣领口、袖口、下摆的条纹图案。绘制高光，依次绘制眼睛、鼻梁、唇部、头发、胸章、手中装饰物、毛衣字母、鞋子的高光，使整体画面更加立体。

（a）步骤一

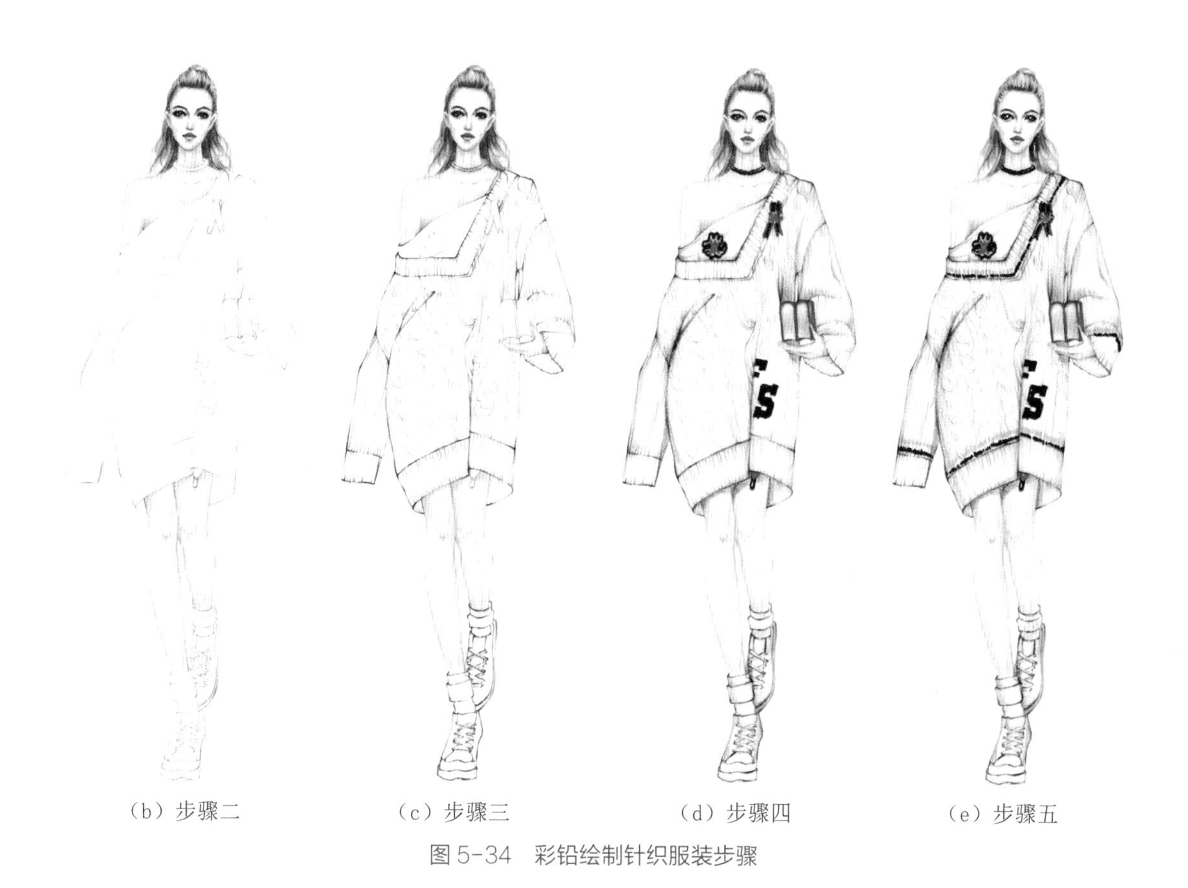

（b）步骤二　（c）步骤三　（d）步骤四　（e）步骤五

图 5-34　彩铅绘制针织服装步骤

（二）彩铅绘制皮草服装步骤

彩铅绘制皮草服装步骤如图 5-35 所示。

步骤一：绘制线稿。先画一个正面行走的人体动态，然后画头部、五官和头发的轮廓（头发轮廓高于头部轮廓），再依次画出皮草上衣、皮裙、鞋子、手拎包的轮廓。

步骤二：绘制皮草上衣。用绿色彩铅填充上衣和手拎包的底色，进一步深化上衣的绘制，画出皮草毛茸茸的质感，暗部压深。再使用蓝绿色彩铅填充皮裙的底色，注意皮革面料硬挺转折感的刻画。

步骤三：进一步深化上衣和皮裙。注意皮草的分层以及起伏效果，靠近边缘的部分颜色更深，且皮草有蓬松的效果。

步骤四：绘制腰带和手拎包，注意皮草与腰带间的叠压关系。深化皮裙，注意强调明暗的对比才能表达出皮革硬挺，反光的质感效果，皮革的转折也比其他面料更加生硬。

步骤五：进一步深化皮草上衣和皮裙，绘制高光。依次画出眼睛、鼻梁、唇部、头发、皮草腰带、皮裙、手拎包的高光。注意皮质和金属质的明暗对比最为强烈，高光要较为突出。

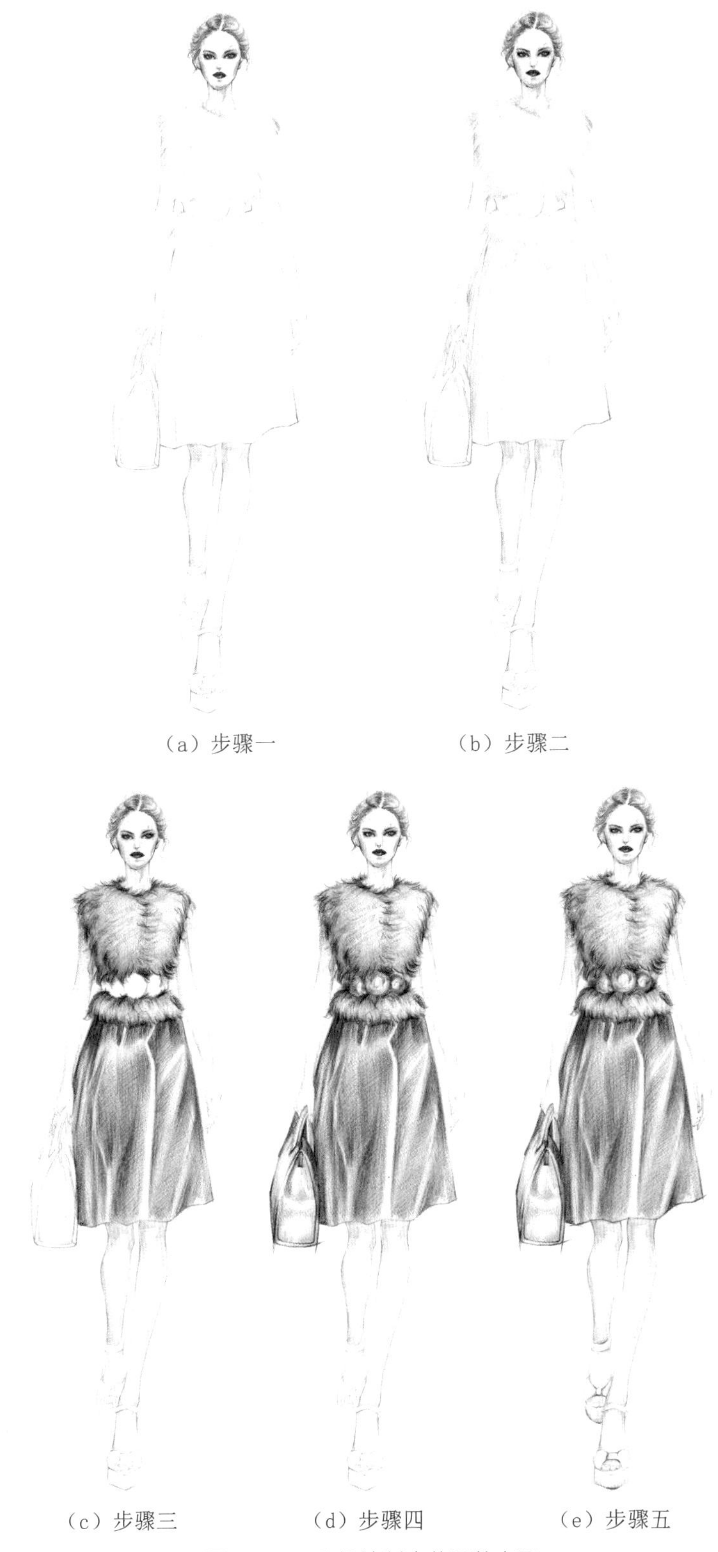

（a）步骤一　（b）步骤二

（c）步骤三　（d）步骤四　（e）步骤五

图 5-35　彩铅绘制皮草服装步骤

二、水彩的表现技法

水彩在时装效果图中主要采用薄画法，根据面料的特性又分为干画法和湿画法，绘制的过程中多采用平涂、晕染的手法。

需注意的是，水彩在绘画使用时，一般都是水相对比颜料多，在调色盘上调配颜色时一定要注意水和颜料的比例，不易过湿和过干。水彩颜色要画得浅，可适当加入水进行调和，而不是加入白色颜料，这样容易降低色彩的纯度。画暗面时不要直接加入黑色颜料调暗面色彩，这样容易使画面的色彩看起来脏。用水彩绘制效果图一定要按由浅入深的顺序来表现。

水彩绘制针织服装步骤如图 5-36 所示。

步骤一：绘制线稿。先用铅笔在纸上画出人体动态图，然后在人体上选用相应颜色的彩铅绘制五官、头发、服装、手拎包、靴子。注意绘制线稿是先画外衣再画内衣。

步骤二：填充底色。用黄色和浅粉色彩铅填充头部和手部的颜色，用橘色水彩填充头发。再进一步加深皮肤暗部着重加深上眼线、下眼线、鼻底和嘴唇颜色。依次填充皮草、黄色连衣裙、毛衣，手拎包、靴子的颜色。

步骤三：选用粉色、黑色彩铅深化妆容同时刻画五官，再依次画出头发、皮草、连衣裙、毛衣和靴子的暗部。蓝色水彩画出毛衣纹理，注意绘制皮草时不要出现平直的线条，要画出皮草毛毛的质感和蓬松感。

（a）步骤一

（b）步骤二

（c）步骤三

图 5-36

（d）步骤四

（e）步骤五

（f）步骤六

图 5-36　水彩绘制针织服装步骤

步骤四：进一步加深头发、皮草、毛衣、连衣裙的暗部。注意绘制毛衣的纹理时要根据衣服的转折画出虚实。

步骤五：深入刻画皮草、毛衣和连衣裙。水彩颜料画出毛衣纹理细节和连衣裙上的碎花。再画出手拎包的暗部。注意绘制毛衣细节纹理时要有虚实变化。

步骤六：深化细节。深化面部妆感，着重刻画眼睛、眉毛和唇部。绘制靴子上图案。最后绘制高光。

三、马克笔的表现技法

马克笔主要分为水性和酒精性两种，可以通过气味来辨别，一般酒精性的马克笔味道比较重，而水性马克笔则没有味道。也可将笔平涂在纸面上来进行辨别，酒精性马克笔重复性地画在纸面上时，色彩重叠面容易融合在一起；而水性马克笔涂出的色彩重叠面会叠加出面。画时装画时多采用酒精性马克笔来绘制，主要采用平涂法。

需要注意的是，用马克笔平涂时笔触要有序地排列和穿插，可适当留白，不宜反复涂抹。马克笔着色时一定要用由浅入深的方法来画，不宜一开始将颜色画得很深。由于马克笔的颜色都是设定好不能调和的，因此在画服装的暗面时，一定要选好画暗面的色号，也就是说服装的固有色和暗面色的关系不能区别太大。

马克笔绘制服装步骤如图 5-37 所示。

（a）步骤一　（b）步骤二　（c）步骤三

（d）步骤四　（e）步骤五　（f）步骤六

图 5-37　马克笔绘制服装步骤

步骤一：绘制线稿。先画出服装里层的人体动态，再画出五官、头发、衣服的结构线和褶皱线。

步骤二：浅粉色彩铅填充面部和手部的肤色，浅粉色马克笔加深眼睛、鼻子和唇部的暗部并填充头发，再使用橘色马克笔画出头发暗部，并勾画出眼影和唇部的颜色。

步骤三：用粉色马克笔画出上衣和裤子的底色。注意衣褶的位置和方向，马克笔上色时下笔要干脆，切忌犹豫不决。

步骤四：填充服装暗部。使用红色马克笔画出衣服转折处的暗部，注意衣褶的位置和方向，马克笔上色时下笔要干脆，切忌犹豫不决。

步骤五：填充过渡色，挑选中间色填充亮部和暗部之间的部分，使衣服转折更加流畅。

步骤六：用黑色勾线笔加深暗部最深处。整体提高画面的层次感和立体感。再用白色高光笔画出五官和衣服的高光，衣服上的高光与衣褶方向要一致。

第六章
时装画中不同面料的质感表达

服装材料的多样性也为我们画时装画提出了各种不同的要求，我们可以用各种不同的工具、各种绘制技法来表现各种面料。一般来讲，服装材料首先包括纤维材料，主要指天然纤维和人造纤维；其次是动物的皮毛材料以及人造皮毛类；不同的服装材料都有着各自的视觉特点，我们要善于抓住不同材料的视觉感，以表现出其特征。在时装画中如何恰当地表现服装的材料质感是设计师必须掌握的技能。

第一节　常见服装面料介绍

服装面料是指构成服装的主要材料。面料直接影响着服装的外观、风格、功能、性能等。当代服装设计师在服装设计的过程中越来越重视面料的运用，有时甚至以面料为设计的出发点再进行款式设计。

本节将按季节着重介绍几种服装上常见的面料，目的是让设计师在进行面料绘制前对面料本身有较为清晰的理解，为之后的面料材质表达做好铺垫。

一、春夏季面料

春夏季面料质地轻薄、柔软透气，大多选择透气性好的天然纤维或混纺纤维织造成。人造纤维虽能模仿天然纤维的轻薄和柔软，但其透气性不能与天然纤维相比。

（一）绸缎面料

绸缎面料带有光泽感，穿着于人体身上会有种丝滑感。此外，绸缎面料一般都较有垂感，制作款式都较为合身（图 6-1）。

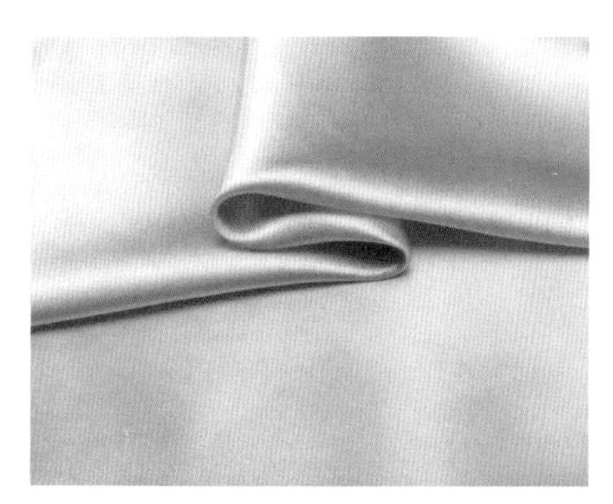

图 6-1　绸缎面料

（二）纱质面料

纱质面料有半透明和不透明两种，透明的一般比不透明的面料更加轻薄，穿着人体身上会有种飘逸感（图 6-2）。

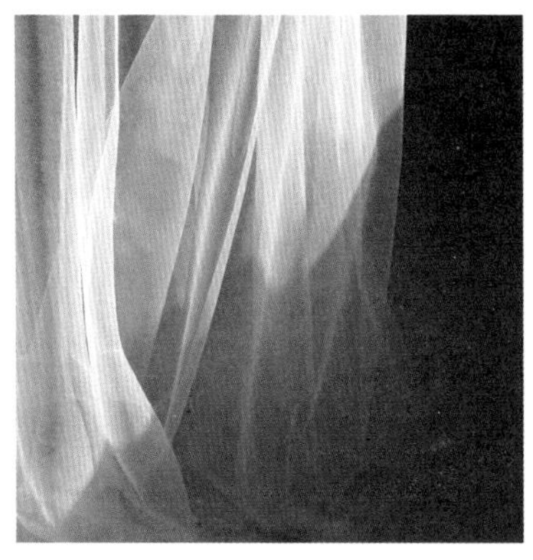
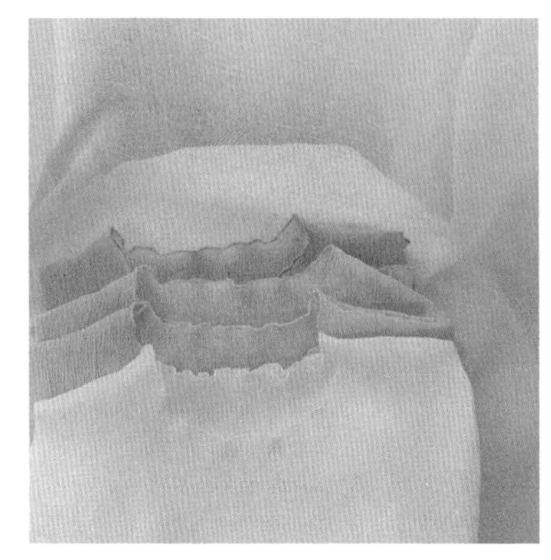

图 6-2　纱质面料

（三）蕾丝面料

蕾丝面料一般都半透明，有时蕾丝会作为面料辅料运用于花边或配饰制作（图 6-3）。

图 6-3　蕾丝面料

（四）格子和条纹面料

格子和条纹面料常会用来制作衬衫、风衣等服饰，服装风格一般偏休闲，青春洋溢（图 6-4）。

二、秋冬季面料

秋冬季面料质地厚重、松软，有较好的保温功能。面料纤维原料的选择面广，天然纤维、人造纤维和混纺纤维都能达到较好的效果。

在这些大类的服装面料的每一分类中，都会因纤维织造工艺设计而改变织物的组织结构，从而产生出丰富的面料外观肌理。

图 6-4　格子和条纹面料

（一）毛衣面料

毛衣面料具有质地柔软、吸湿透气以及优良的弹性与延伸性。毛衣服饰穿着舒适、贴身合体、无拘束感（图 6-5）。

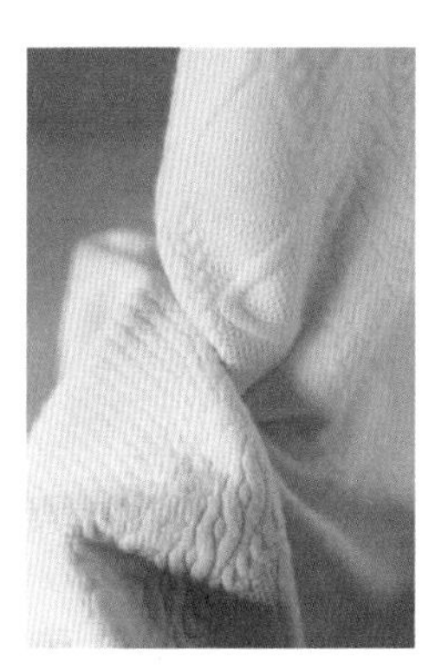

图 6-5　毛衣面料

（二）皮草面料

皮草是指利用动物的皮毛所制成的服装，具有保暖的作用，皮草较为美观并且价格较高，受到不少消费者的追捧。狐狸、貂、貉子、獭兔和牛羊等动物是皮草原料的主要来源（图 6-6）。

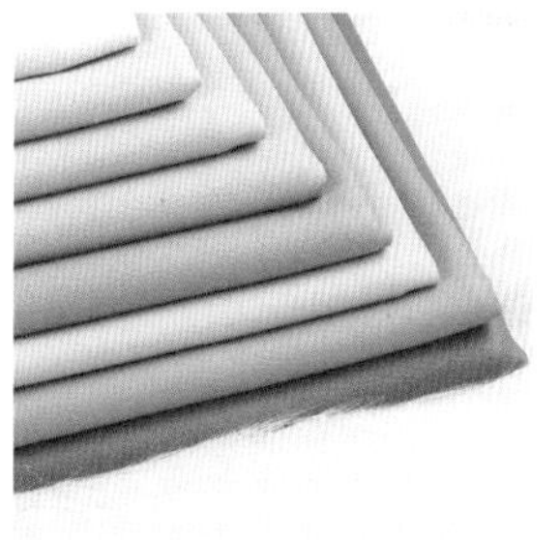

图 6-6　皮草面料

（三）羽绒面料

羽绒面料结构紧密、平整细洁、手感滑爽、富有光泽、透气防钻绒、坚牢耐磨。主要用作羽绒服、滑雪衫、茄克衫、风衣、羽绒被、羽绒睡袋、羽绒袜子等服饰面料（图 6-7）。

图 6-7　羽绒面料

第二节　时装画中不同面料的质感绘制

一、半透明薄纱面料的绘制

薄纱面料的质地轻薄、透明，手感柔顺且富有弹性，具有良好的透气性和悬垂性，穿着飘逸、舒适，主要用来制作夏季服装。薄纱是一种半透明面料，面料透明度的高低由面料本身的厚度决定，面料越薄，透明度越高。薄纱面料服装效果图的表现技法是先画里层服装或面料，再涂表层薄纱面料的颜色。

（一）半透明薄纱面料小样的绘制步骤

半透明薄纱面料小样的绘制步骤如图 6-8 所示。

步骤一：用彩铅勾出面料衣褶及人体。

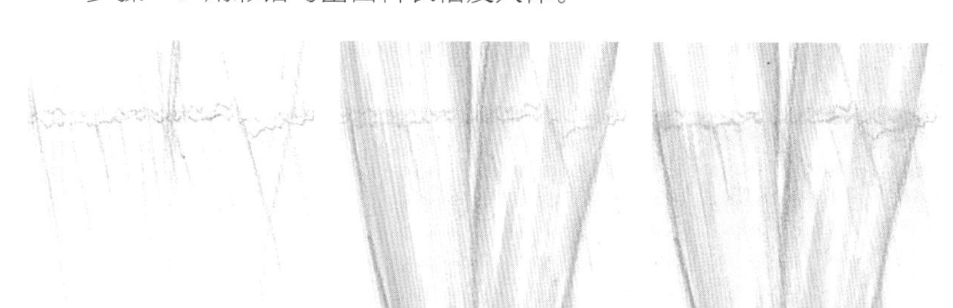

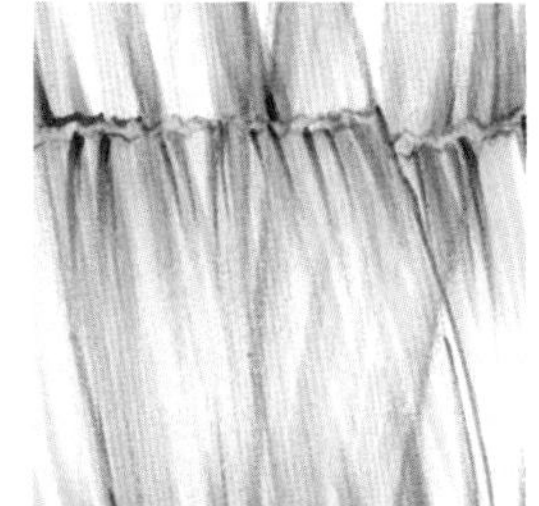

（a）步骤一　（b）步骤二　（c）步骤三　（d）步骤四

图 6-8　半透明薄纱面料小样的绘制步骤

步骤二：马克笔画出面料下的人体肤色。

步骤三：顺着衣褶方向填充面料颜色。

步骤四：绘制衣褶暗部，细致勾画出面料细节，最后勾出高光。

（二）彩铅绘半透明薄纱服装的绘制步骤

彩铅绘半透明薄纱服装的绘制步骤如图 6-9 所示。

步骤一：绘制线稿。参考人体比例尺用棕色彩铅画出人体动态和五官，然后用紫色彩铅画出薄纱裙，黑色彩铅画出鞋子的轮廓。注意薄纱裙的蓬松和飘逸感。

步骤二：用浅粉色彩铅填充头发、面部及颈部皮肤的颜色。同时加深眼睛、鼻底、唇部、颈部等部位的暗部。注意锁骨和胸部的刻画，展现女性特征。

步骤三：深入刻画五官及头发，加深上眼线和眉毛提升模特妆感。用浅粉色彩铅填充手臂及身体的颜色并加深暗部。着重对肘关节、手臂内侧和膝盖部位进行刻画，用粉色马克笔再一次强调暗部。注意裙子下人体的绘制可稍做省略，用马克笔填充出人体的大致动态即可。

步骤四：填充薄纱裙的暗部。区分出薄纱裙的暗部并用深紫色彩铅进行填充，注意裙子衣褶的转折，一般裙褶凸起面为亮面，凹面为暗面，绘制出裙子的立体感。

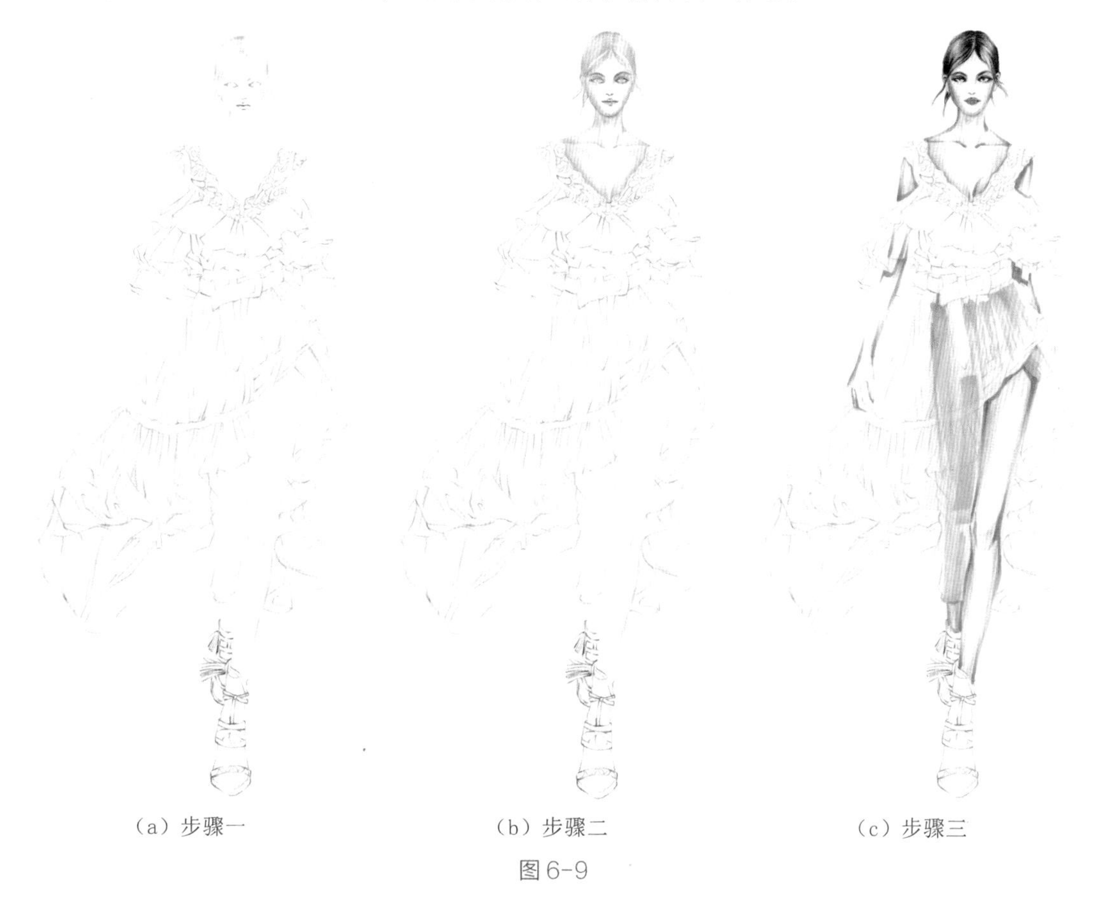

（a）步骤一　　（b）步骤二　　（c）步骤三

图 6-9

（d）步骤四　（e）步骤五　（f）步骤六

（g）步骤七　（h）步骤八　（i）步骤九

图6-9　彩铅绘半透明薄纱服装的绘制步骤

步骤五：用浅紫色彩铅填充薄纱裙、黑色彩铅绘制腰带暗部、裙子衣领处纹饰暗部及鞋子暗部。注意填充裙子时线条方向要和裙褶方向尽可能保持一致，填充过程中可以对裙子暗面进一步加深。

步骤六：进一步加深刻画薄纱裙的暗部及裙褶细节，使裙子立体感更加突出，强化薄纱的质感。

步骤七：细致勾画薄纱裙衣领处纹饰，腰带金属扣、袜子及鞋子纹饰。注意衣领纹饰细微的色彩变化，腰带金属扣的质感表达。

步骤八：用极细的黑色针管笔勾勒薄纱裙衣领处纹饰、腰带和鞋子。用黑色彩铅对画面暗部进行整体的着重加深，使得画面立体感更强。

步骤九：绘制高光。用白色高光笔先画出五官和头发的高光，再画出薄纱裙、腰带和靴子的高光。注意薄纱裙的高光不必太过明显以免破坏纱质面料的质感，皮质和金属质感处高光可以着重突出。

（三）马克笔绘半透明薄纱服装的绘制步骤

马克笔绘半透明薄纱服装的绘制步骤如图 6-10 所示。

步骤一：绘制线稿。参考人体比例尺用橘色彩铅画出人体动态和头发，黑色彩铅绘制五官和鞋子，绿色彩铅绘制纱裙的轮廓。注意纱裙碎褶的绘制。

步骤二：用浅黄色彩铅填充面部、颈部和脚踝，淡黄色马克笔填充被纱裙覆盖的人体，亮黄色马克笔填充头发，浅橘色马克笔勾画出面部及身体的暗部。注意填充被纱裙覆盖的人体时可以稍做省略，不用填充过满。绘制头发时可以分层次一缕一缕的填充，线描方向要与头发方向保持一致。

步骤三：用深棕色彩铅和马克笔加深面部及头发的暗部。浅绿色马克笔填充纱裙底色同时对褶皱处稍做加深。浅灰色马克笔填充鞋子。

步骤四：深绿色马克笔加深纱裙暗部，对纱裙褶皱部分进行着重加深。注意马克笔的用笔方向要与衣褶方向一致。用深灰色马克笔勾画出鞋面纹饰。

步骤五：用黑色勾线笔勾出纱裙和鞋子轮廓并对纱裙暗部做进一步加深。用浅棕色马克笔对纱裙暗部稍做勾画，增加暗部层次。用红色马克笔画出胸花暗部。

步骤六：对人体和纱裙深入刻画。对面部、胸前配饰、戒指，鞋子深入描绘，使画面更加丰富整体。注意对纱裙下若隐若现人体的刻画。

步骤七：绘制高光。用白色高光笔先画出五官和头发的高光，再画出纱裙、胸前配饰、戒指和鞋子的高光。纱裙的高光可以用一些竖向的高光线条表现，内裤不需要绘制高光，戒指的高光要突出。

（a）步骤一　（b）步骤二　（c）步骤三

（d）步骤四　（e）步骤五　（f）步骤六　（g）步骤七

图 6-10　马克笔绘半透明薄纱服装的绘制步骤

半透明薄纱时装画赏析见图 6-11、图 6-12。

图 6-11　半透明薄纱时装画 1（作者：王佳音）

图 6-12　半透明薄纱时装画 2（作者：杨予）

二、蕾丝面料的绘制

蕾丝面料的用途非常广，不仅出现在服装业，还覆盖了整个纺织业，例如内衣和家纺。蕾丝面料单薄、透气、层次感强，是夏季服装面料的最好选择。服装设计效果图中蕾丝面料的特点和薄纱面料相似，都是先画里层人体或服装的颜色，再画表层蕾丝的颜色和花纹。

（一）蕾丝面料小样的绘制步骤

蕾丝面料小样的绘制步骤如图 6-13 所示。

步骤一：用铅笔画出蕾丝图案。

步骤二：用粗细不同的针管笔勾勒主体图案。

步骤三：细致地勾勒完整的图案。

步骤四：用蓝色马克笔画出底部的颜色。

（a）步骤一　（b）步骤二　（c）步骤三　（d）步骤四

图6-13　蕾丝面料小样的绘制步骤

（二）蕾丝面料服装绘制步骤

蕾丝面料服装绘制步骤如图6-14所示。

步骤一：勾勒线稿，注意礼服动态优美呈现。

步骤二：用浅粉色马克笔为皮肤上色，表现皮肤的光影，用浅绿色水彩对服装进行整体上色。

步骤三：根据光影变化绘制服装的暗部，注意暗部的面积变化同时用铅笔勾勒蕾丝图案。

步骤四：用针管笔绘出蕾丝图案，处理好透视关系。

步骤五：补充刻画蕾丝的细节，进一步深入刻画人体。

步骤六：用浅灰色马克笔表现蕾丝的透明感，调整并完成画面。

（a）步骤一

（b）步骤二

（c）步骤三

（d）步骤四

（e）步骤五

（f）步骤六

图6-14 蕾丝面料服装绘制步骤

三、几何图案面料的绘制

几何图案抽象又不失时尚感，是服装设计的重要元素之一。它经久不衰，组合方法多样，随着时代的进步不断变化。在服装设计中，巧妙地运用几何图案可以更好地体现服装的特点。服装中的几何图案主要包括条纹图案、格纹图案、圆点图案等，以及它们之间相互组合形成的图案。

（一）格纹面料小样的绘制步骤

格纹面料小样的绘制步骤如图 6-15 所示。

步骤一：用铅笔画出格纹。

步骤二：用深红色和黑色马克笔涂出格子颜色。

步骤三：用正红色马克笔平铺出面料的底色。

步骤四：用黑色马克笔画出分割的格子，然后用针管笔勾线。

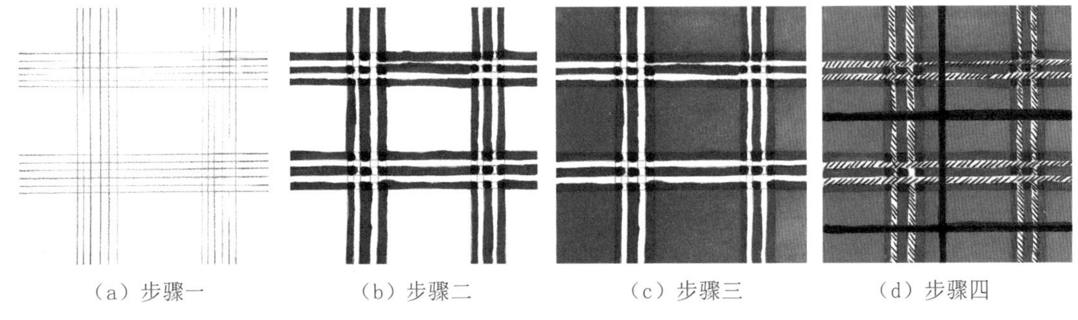

（a）步骤一　（b）步骤二　（c）步骤三　（d）步骤四

图 6-15　格纹面料小样的绘制步骤

（二）条绒面料小样的绘制步骤

条绒面料小样的绘制步骤如图 6-16 所示。

步骤一：用方头马克笔平铺出底色。

步骤二：用方头马克笔纵向画出条纹，根据条绒面料的不同，条纹的宽窄和疏密可以进行相应的变化。

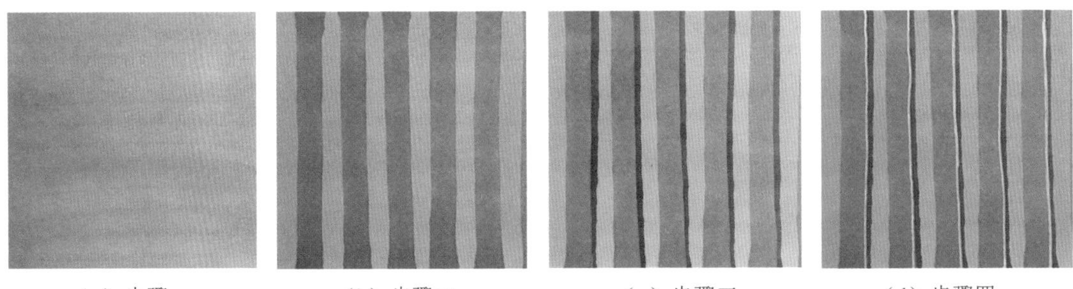

（a）步骤一　（b）步骤二　（c）步骤三　（d）步骤四

图 6-16　条绒面料小样的绘制步骤

步骤三：条绒凸起的肌理会形成投影，但投影的面积不会太宽。用更深的颜色沿着条纹细细地绘制出投影。

步骤四：用高光笔绘制出条绒的受光面，表现出条绒的立体感。

（三）格纹服装绘制步骤

格纹服装绘制步骤如图 6-17 所示。

步骤一：绘制线稿。用橘色彩铅依次绘制出面部、头发、五官、上衣、裤子、鞋子。注意衣服覆盖下的人体比例与动态，除非非常熟悉人体动态知识，否则建议绘制出标准人体后再按上衣次序绘制服装。

步骤二：用浅粉色彩铅填充面部、颈部和脚步的皮肤色，并使用粉色彩铅依次加深眼睛、鼻底、唇部、颧骨、颈部、脚踝和足部的暗部。再使用浅粉色马克笔进一步勾画出暗部，使得皮肤部分的明暗对比更加强烈。

步骤三：灰色马克笔填充头发，亮黄色马克笔填充服装，蓝紫色马克笔填充衬衫。注意马克笔填充服装时不用填充太实，填充 70% 左右即可，注意用笔方向，避免过多交叉，用笔干脆切忌犹豫不决。

（a）步骤一　　（b）步骤二

（c）步骤三

图 6-17

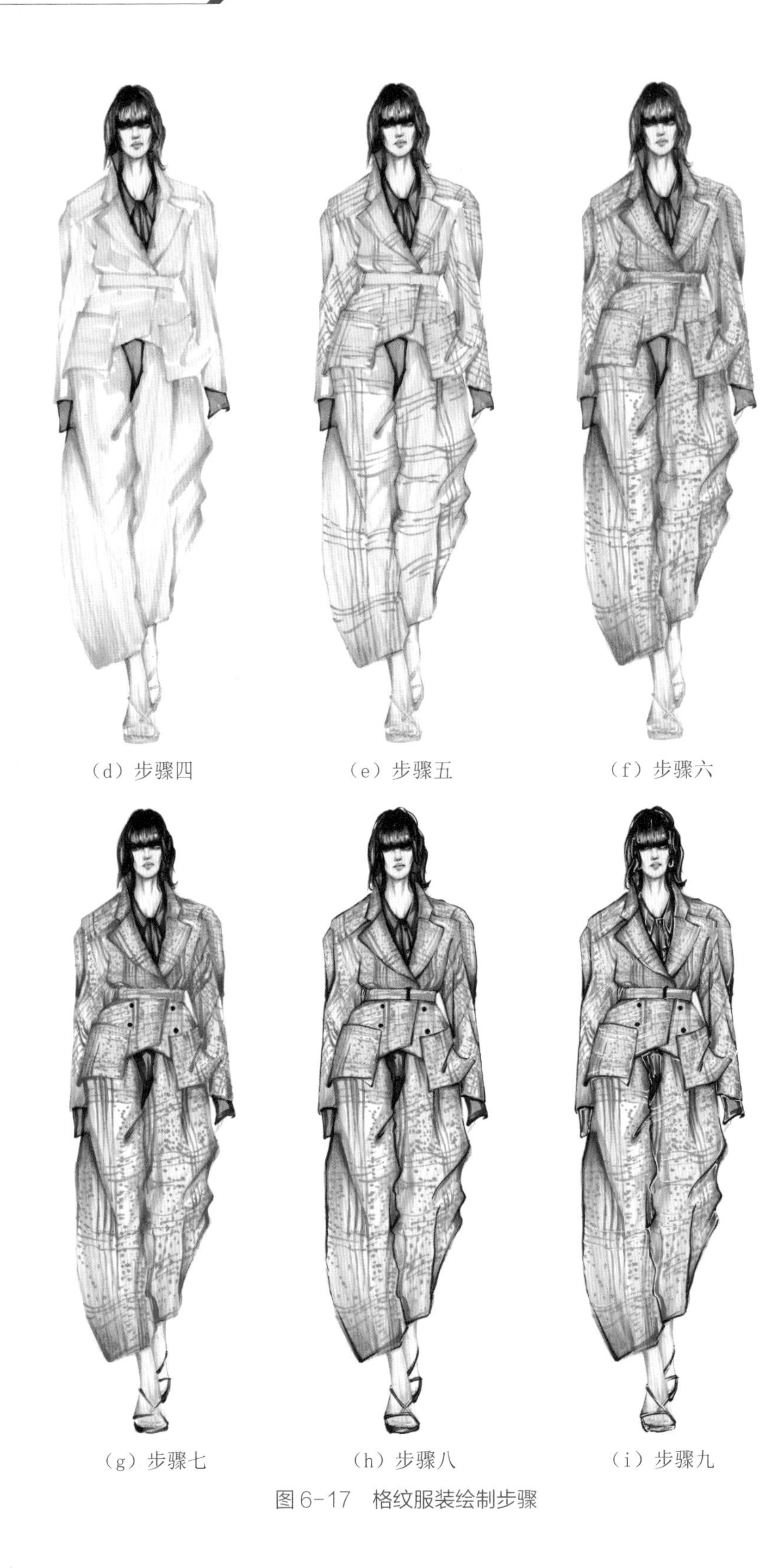

(d) 步骤四　(e) 步骤五　(f) 步骤六

(g) 步骤七　(h) 步骤八　(i) 步骤九

图 6-17　格纹服装绘制步骤

步骤四：使用橘色马克笔加深服装轮廓和转折处，这一步起到收形的作用。其次使用深灰色马克笔绘制头发暗部，深蓝色马克笔绘制衬衫暗部，浅灰色填充鞋子。

步骤五：橘色马克笔勾画出服装格纹。注意勾勒格纹时线条的虚实，要按服装的起伏发生变化，切忌线条太实。

步骤六：橘色马克笔进一步绘制出格纹细节，并使用浅粉色和浅灰色马克笔画出服装暗部与亮部间的过渡色，增加画面的层次感。

步骤七：深入刻画服装细节，丰富服装的层次。蓝色马克笔深入绘制衬衫，深灰色马克笔加深头发暗部。注意格纹线条也存在着明暗关系，使用橘红色马克笔对格纹暗部进行加深刻画，增强画面的立体感和层次感。

步骤八：黑色勾线笔整体细致勾勒人体和服装。头发周围稍做勾勒使头发增加蓬松感，勾勒过程中注意线条的虚实变化和转折。

步骤九：绘制高光。使用白色高光笔依次绘制五官、头发、衬衫、上衣、裤子、鞋子的高光。注意高光一定是出现在画面的最亮部分。注意格纹处高光的绘制，根据格纹的纹路进行绘制，切忌每一条格纹都加高光。

格纹服装时装画赏析见图 6-18、图 6-19。

图 6-18　格纹时装画 1（作者：刘雁冰）

图 6-19　格纹时装画 2（作者：刘雁冰）

四、针织镂空面料的绘制

针织面料有质地蓬松、纹理清晰的特点。同时，一般针织面料比较松软，有一定的厚度，在针织面料服装绘制的过程中要凸显面料的这几大特性。

（一）毛衣面料小样的绘制步骤

毛衣面料小样的绘制步骤如图 6-20 所示。

步骤一：用方头马克笔平铺底色。

步骤二：用马克笔软头交错画出针织肌理。

步骤三：用深色马克笔加深肌理。

步骤四：进一步勾勒，深化面料肌理。

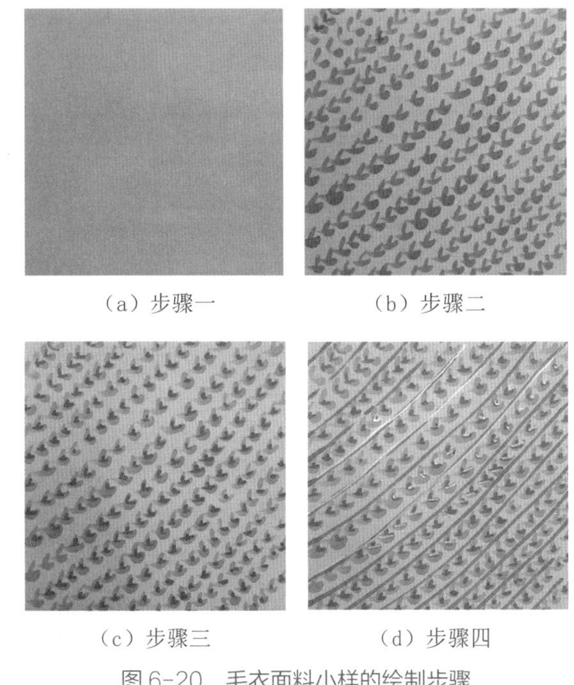

（a）步骤一　（b）步骤二

（c）步骤三　（d）步骤四

图 6-20　毛衣面料小样的绘制步骤

（二）毛衣服装绘制步骤

毛衣服装绘制步骤如图 6-21 所示。

步骤一：绘制线稿。先用橘色彩铅绘制出人体动态以及五官，然后勾勒出针织毛衣和靴子的轮廓。

步骤二：用浅粉色彩铅填充面部和手部的皮肤色。浅粉色马克笔依次勾画出眼睛、鼻子、唇部、颧骨、颈部、手部的暗部。

步骤三：绘制底色。用橘红色彩铅对五官进行深入绘制，用灰色马克笔填充头发，浅棕色马克笔填充皮草部分，浅橘色马克笔填充毛衣部分，蓝紫色马克笔填充带子部分，浅灰色填充打底裤和鞋子暗部。注意不同部分马克笔笔触的不同，皮草部分笔触较为松散，毛衣部分笔触顺着毛衣的纹理方向等。

步骤四：加深毛衣皮草和毛衣部分的暗部，使用与步骤二同样的马克笔在填充完毛衣后对暗部做进一步加深，这一步既起到加深暗部的作用，又起到了收形的效果。

步骤五：进一步加深皮草和毛衣的暗部。用棕色马克笔加深皮草的暗部，橘色马克笔加深毛衣的暗部。然后用棕色彩铅绘制出毛衣的针织纹理。注意皮草毛茸茸的质感，画暗部时要用勾勒的手法，绘制毛衣纹理时注意毛衣的起伏转折，纹理绘制要富有变化。

步骤六：深入加深头发、五官、皮草、毛衣的暗部。用深灰色马克笔加深头发和打底裤的暗部，黑色针管笔细致刻画眼睛部分，深棕色马克笔加深皮草和毛衣暗部。针织纹理富有较强的肌理感，注意对毛衣纹理的暗部刻画。

步骤七：深入刻画皮草的毛衣部分。皮草的毛色富有变化，使用画面中出现的蓝色、橘色等马克笔使皮草层次更加丰富。再用浅粉色马克笔勾画毛衣增加毛衣的层次感，深蓝色马克笔勾画领口皮带和毛衣下方的丝带，最后使用黑色勾线笔勾勒皮带和鞋子的轮廓。

步骤八：绘制高光。使用白色高光笔提亮面部，以及头发、耳饰、皮草、皮带、毛衣、打底裤、鞋子的高光部分。

（a）步骤一　　（b）步骤二　　（c）步骤三

图6-21

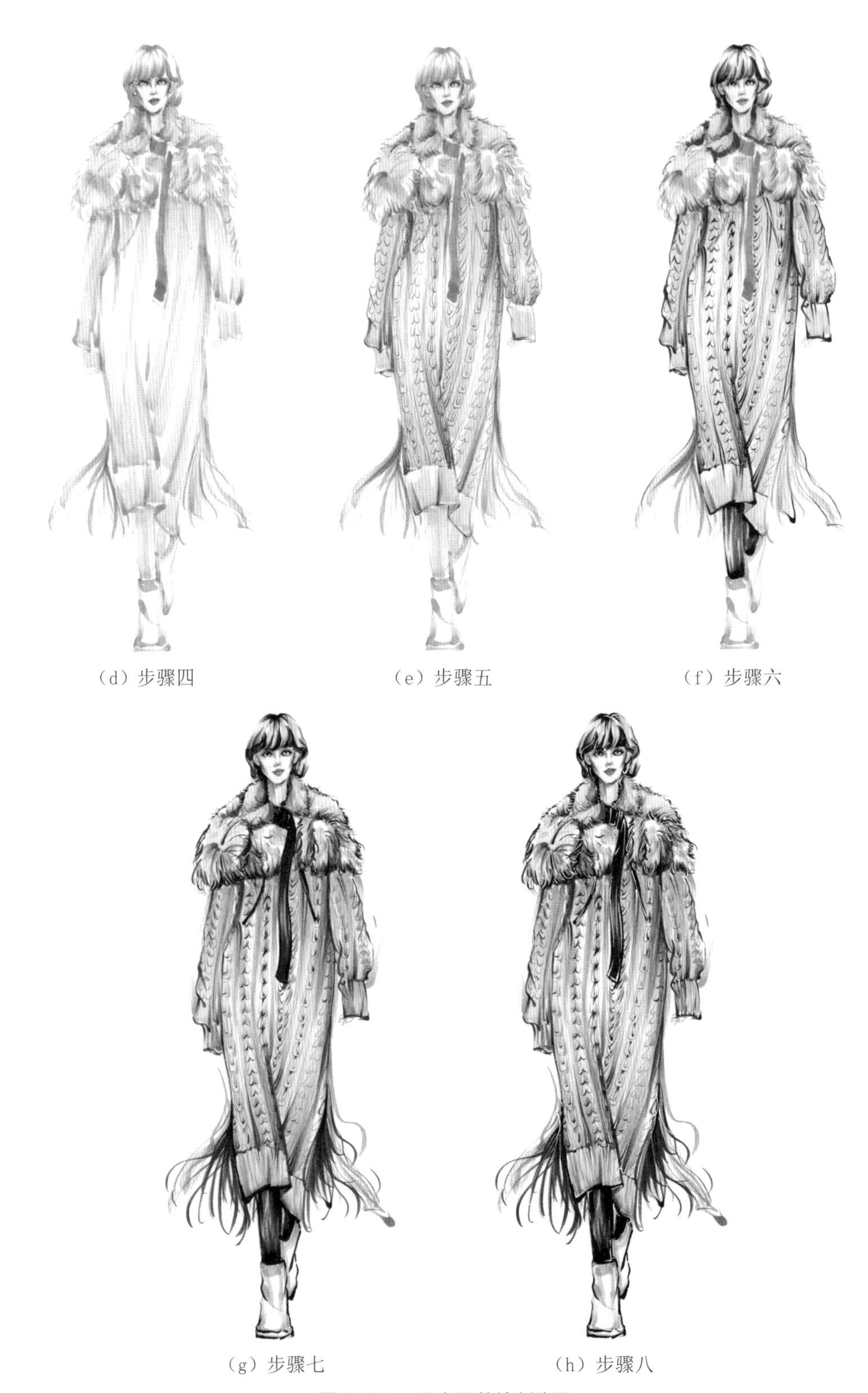

（d）步骤四 （e）步骤五 （f）步骤六

（g）步骤七 （h）步骤八

图6-21 毛衣服装绘制步骤

毛衣时装画赏析见图 6-22、图 6-23。

图 6-22　毛衣时装画 1（作者：唐甜甜）

图 6-23　毛衣时装画 2（作者：杨予）

五、皮革面料的绘制

皮革面料按制作方法可以分为真皮、再生皮、人造革和合成革四种，面料的表面有一种特殊的粒面层，质感光滑，手感舒适。皮革面料的用途广泛，深受现代人的喜爱，经常被用来制作风衣、夹克、外套、裤子等。画图时需注意面料本身的光泽和质感，可以用高光笔表现。

（一）皮革面料小样的绘制步骤

皮革面料小样的绘制步骤如图 6-24 所示。

步骤一：用彩铅绘制出线稿，画出褶皱线。

步骤二：填充皮革的底色，深灰色皮革一般用浅灰色马克笔表现。

步骤三：使用深灰色马克笔绘制黑色皮革的暗部，适当留白。

步骤四：继续用深灰色马克笔加深皮革的暗部，以增强明暗对比。

步骤五：添加高光，参考褶皱线的位置和方向绘制高光。

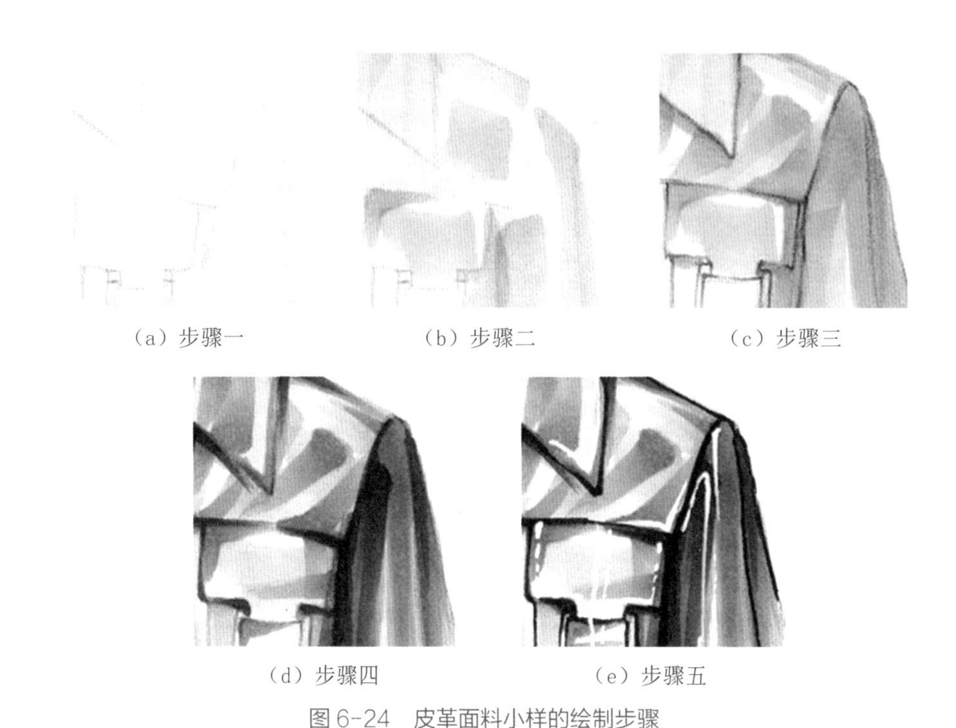

（a）步骤一　（b）步骤二　（c）步骤三

（d）步骤四　（e）步骤五

图 6-24　皮革面料小样的绘制步骤

（二）皮革服装绘制步骤

皮革服装绘制步骤如图 6-25 所示。

步骤一：线稿绘制。使用橘色彩铅绘制出面部五官、头发、手部、上衣和足部。紫色彩铅绘制裤子。注意裤子褶皱的刻画。

步骤二：用浅粉色彩铅填充面部、颈部、手部、脚部的皮肤色，并使用浅粉色马克笔加深暗部。用深棕色彩铅强调眼眶。

步骤三：使用深红色彩铅深入刻画五官。用灰色马克笔填充头发和裤子，浅灰色马克笔填充上衣，红棕色马克笔绘制鞋子。注意马克笔填充服装时不用填充太实，填充 70% 左右即可，注意用笔方向要与衣褶方向保持一致。

步骤四：使用上一步骤马克笔对服装轮廓进行刻画，强调暗部和褶皱的转折，这一步起到了加深暗部和收形的作用。

步骤五：用蓝紫色马克笔加深头发和裤子暗部，勾画出耳饰，使用灰色马克笔加深上衣的暗部，注意马克笔的用笔要体现皮革硬挺的转折感。

步骤六：深入刻画并加深上衣、裤子和鞋子的暗部，再用黑色勾线笔勾勒服装轮廓，进一步加强画面立体感和层次感。

步骤七：绘制高光。高光对于皮革面料的质感表达尤为重要，皮革面料相对于其他面料在时装画中明暗的对比最为强烈，高光一般露在服装衣褶的转折部位，且高光的面积相对较大。

（a）步骤一　（b）步骤二　（c）步骤三

（d）步骤四　（e）步骤五　（f）步骤六　（g）步骤七

图6-25　皮革服装绘制步骤

皮革面料服装画赏析见图 6-26、图 6-27。

图 6-26 皮革时装画 1（作者：李潇鹏）

图 6-27 皮革时装画 2（作者：杨予）

六、皮草面料的绘制

皮草是用动物皮毛制作的服装，具有保暖的作用。皮草原料主要来源于狐狸、骆驼、貂、兔子、水獭等皮毛动物，画图时要特别注意轮廓边缘的处理方法，不能用一根整齐的线条来表现，可以用多根有粗细变化的线条来表现。

（一）皮草面料小样的绘制步骤

皮草面料小样的绘制步骤如图 6-28 所示。

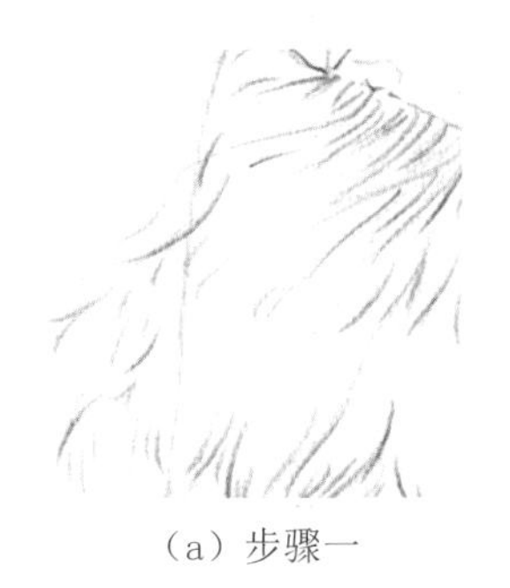

（a）步骤一

（b）步骤二

（c）步骤三

（d）步骤四

图 6-28 皮草面料小样的绘制步骤

步骤一：用彩铅绘制线稿，根据皮草的方向进行绘制。

步骤二：用浅灰色马克笔按皮草上毛发生长的方向填充底色，适当留白。

步骤三：深灰色马克笔勾勒皮草的暗部。

步骤四：勾勒皮草高光。

（二）皮草服装绘制步骤

皮草服装绘制步骤如图 6-29 所示。

步骤一：绘制线稿。用浅棕色彩铅绘制身体及头发的轮廓。用黑色彩铅绘制皮草上衣、皮草裙以及腰封的结构。注意勾勒皮草轮廓时不能使用平直的线条，腰头曲线勾画出皮草毛茸茸的质感。

步骤二：用浅粉色彩铅填充面部、颈部及手臂的皮肤色。再用浅粉色马克笔画出暗部，着重加深颧骨，眼窝、鼻底、颈部及手臂内侧。用黑色彩铅深入刻画眼睛眉毛增强面部立体感，最后用粉色彩铅补充过渡色。

步骤三：用灰粉色填充发色，浅灰色填充皮草部分。注意填充皮草时不能太实，因为皮草具有蓬松感，勾勒线条要有层次切忌杂乱无章。

（a）步骤一　（b）步骤二　（c）步骤三

图 6-29

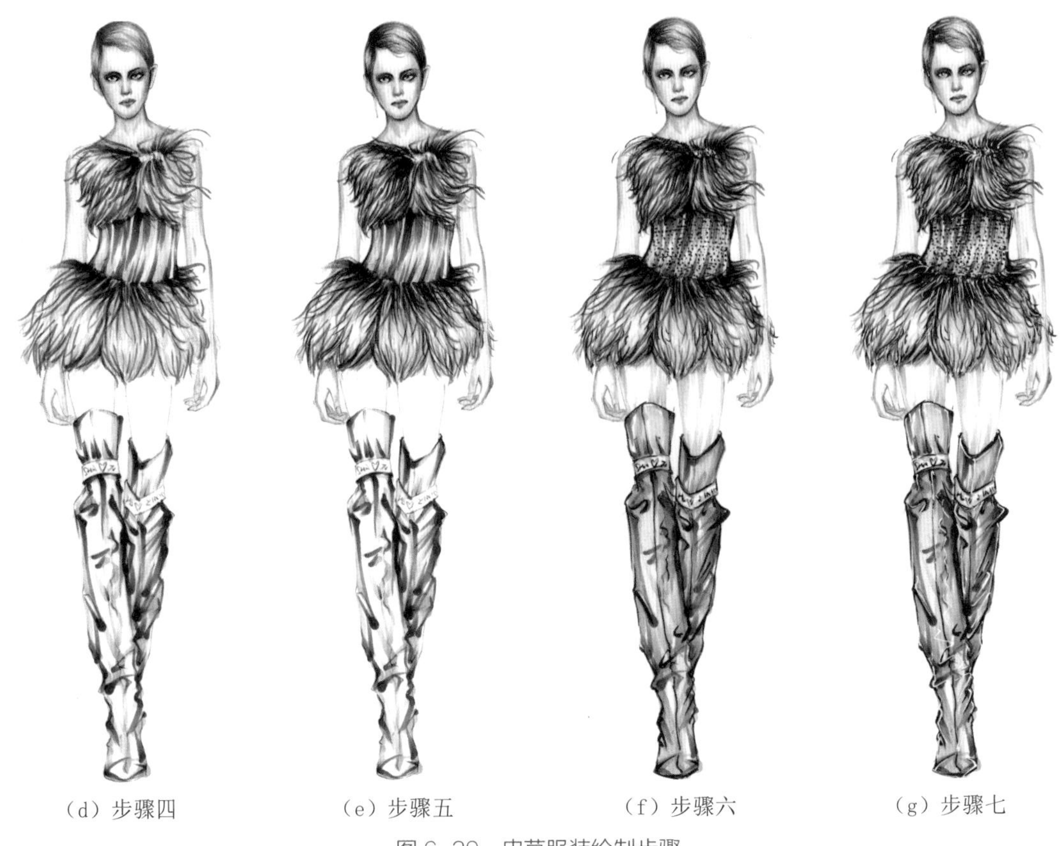

（d）步骤四　　（e）步骤五　　（f）步骤六　　（g）步骤七

图 6-29　皮草服装绘制步骤

步骤四：继续加深皮草裙和靴子的暗部，用深灰色马克笔加深皮草尖端的位置，让皮草裙的层次更加丰富。画出皮草裙腰部表层的面料纹理。

步骤五：用颜色更深的深灰色马克笔继续加深皮草裙和靴子的暗部，然后增加服装的细节。

步骤六：使用黑色勾线笔勾出皮草最深部分，使皮草的体积感进一步加强。绘制腰部细节，再使用浅灰色勾画出裤子暗部和靴子的亮部。

步骤七：绘制高光。先用白色高光笔或者白色颜料添加五官和头发的高光，再继续添加皮草裙和靴子的高光。注意皮草部分的高光绘制要与皮草的肌理一致。

皮草面料服装画赏析见图 6-30、图 6-31。

七、羽绒面料的绘制

羽绒是一种动物羽毛纤维，是呈花朵状的绒毛。羽绒上有很多细小的气孔，可以随着气温的变化膨胀和收缩，吸收热量并隔绝外界的冷空气，因此，羽绒一般被用来制作冬季的羽绒服。羽绒服是主要的冬季服装，它的特点是面料轻盈，质感蓬松，表面带有绗缝线迹。

图 6-30 皮草时装画 1（作者：杨予）

图 6-31 皮草时装画 2（作者：李潇鹏）

（一）羽绒面料小样的绘制步骤

羽绒面料小样的绘制步骤如图 6-32 所示。

步骤一：绘制线稿，绘制出羽绒面料的衣褶特征。

步骤二：浅黄色马克笔填充面料底色。

步骤三：棕色马克笔勾画出衣褶暗部。

步骤四：黑色勾线笔进一步加深衣褶暗部，最后勾画出高光。

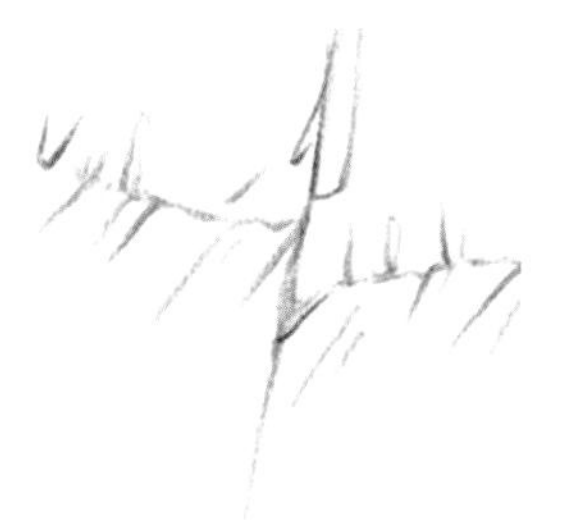
（a）步骤一

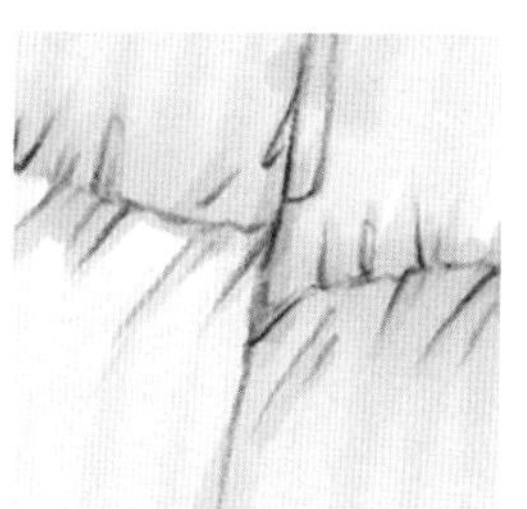
（b）步骤二

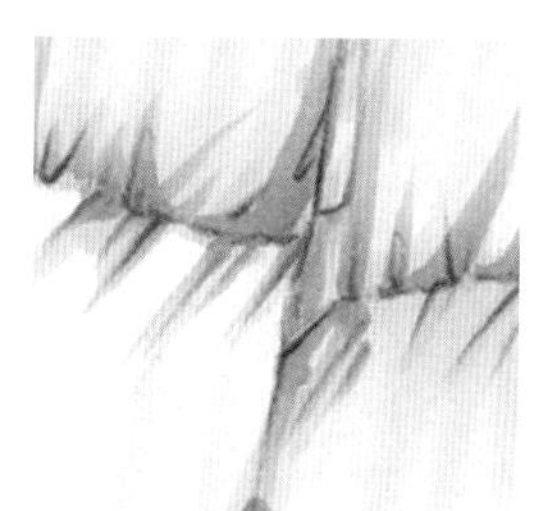
（c）步骤三

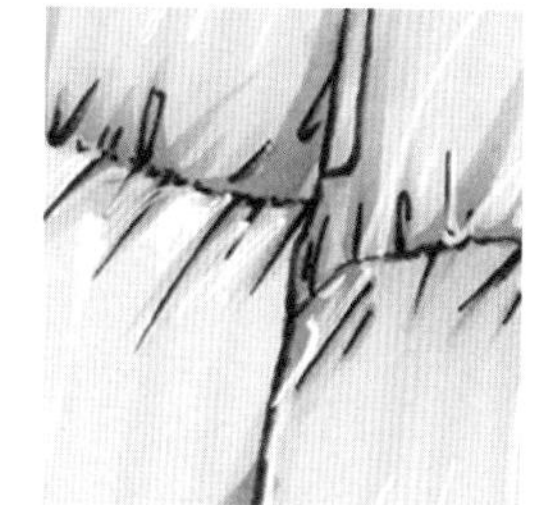
（d）步骤四

图 6-32 羽绒面料小样的绘制步骤

（二）羽绒服装绘制步骤

羽绒服装绘制步骤如图 6-33 所示。

步骤一：绘制线稿。先用铅笔绘制线稿，再用勾线笔勾出所有轮廓、内部结构线和褶皱线。

步骤二：使用浅粉色彩铅填充面部和腿部的皮肤色，再使用粉色马克笔勾画出五官、颧骨、大腿内侧等暗部。

步骤三：深入刻画五官，使用黑色勾线笔强调眼线及眉毛，增强面部妆感。用浅粉色马克笔填充头发。用浅橘色马克笔填充羽绒上衣，亮黄色马克笔填充毛衣，浅灰色马克笔填充靴子。注意马克笔笔触方向要与衣服动态走向相一致，切忌填充过实。

步骤四：用橘色马克笔加深羽绒服及毛衣暗部。用深灰色马克笔画出靴子暗部。注意羽绒服独特的肌理感，画暗部时要注意线条表现。

步骤五：用黑色彩铅勾勒出羽绒服和毛衣的外轮廓和内部结构。这一步强化里衣的结构，以便于接下来进一步深入刻画。

步骤六：使用深红色马克笔依次加深头发、羽绒服、毛衣的暗部，使画面立体感进一步加强。

步骤七：使用黑色勾线笔对面部、羽绒服、毛衣靴子进行深入刻画。注意勾线时线条的虚实。

步骤八：绘制高光。使用白色高光笔依次勾画头发、羽绒服、毛衣及靴子部分的亮面。注意毛衣肌理的刻画。

（a）步骤一　　（b）步骤二　　（c）步骤三

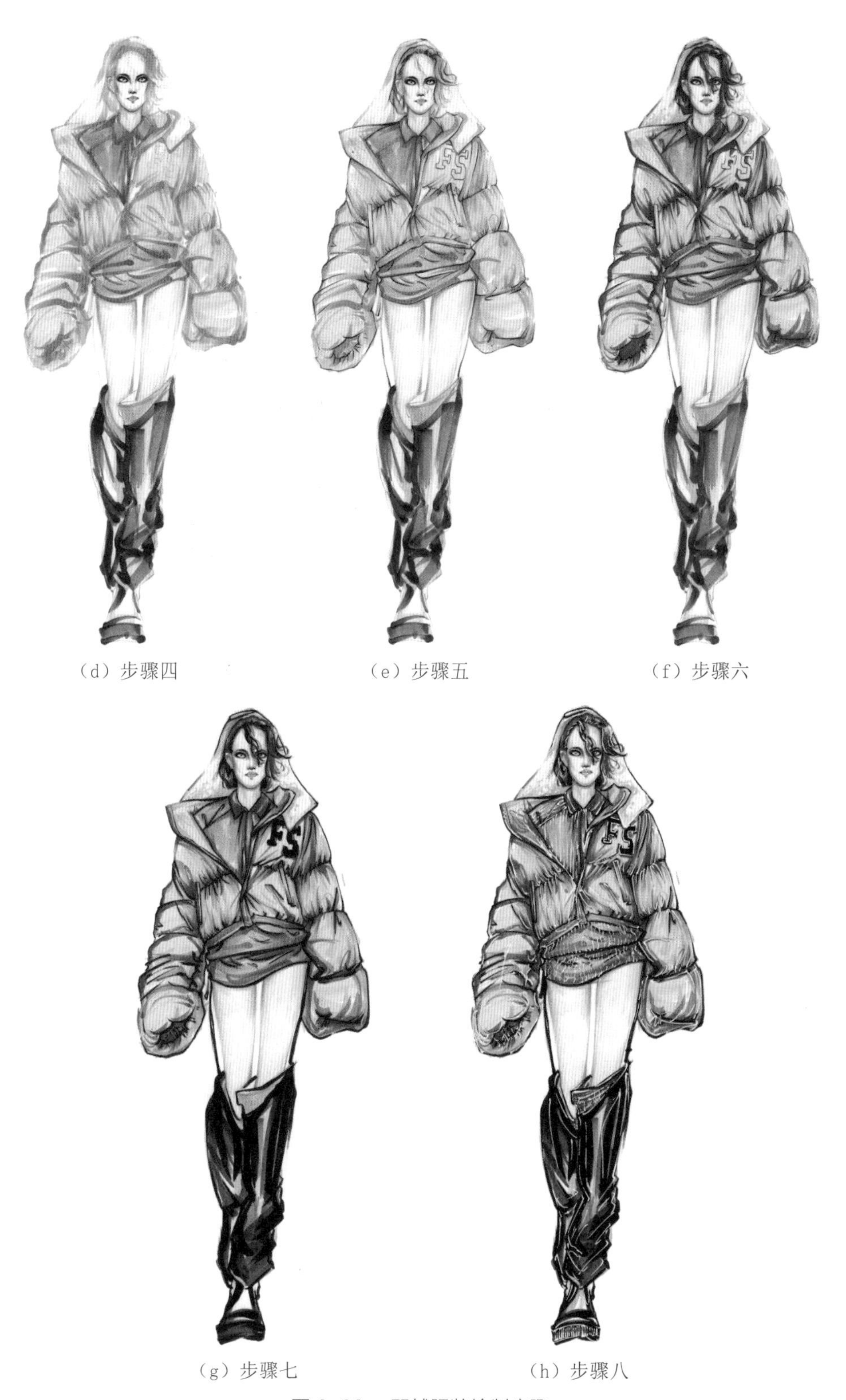

（d）步骤四　（e）步骤五　（f）步骤六

（g）步骤七　（h）步骤八

图6-33　羽绒服装绘制步骤

羽绒服时装画赏析见图 6-34、图 6-35。

图 6-34　羽绒服时装画 1

图 6-35　羽绒服时装画 2

八、其他面料的绘制

服装面料多种多样，除了以上几种主要的面料种类以外还有很多，但是在绘制方法上与以上几种无太多差异，例如有图案或者花纹的面料绘制方法就可以参照格纹面料的绘制步骤。很多时候是多种面料的混合运用比较多，例如蕾丝和纱质面料的结合、皮革与纱质面料的结合、毛衣与羽绒面料的结合等，这就需要综合运用以上几种面料的绘制手法，活学活用，灵活变通。

（一）印花面料小样的绘制步骤

印花面料小样的绘制步骤如图 6-36 所示。

（a）步骤一　　（b）步骤二　　（c）步骤三　　（d）步骤四

图 6-36　印花面料小样绘制步骤

步骤一：彩铅绘制线稿。

步骤二：马克笔填充图案底色。

步骤三：马克笔画出图案暗部。

步骤四：黑色勾线笔勾画图案边缘。

（二）印花服装绘制步骤

印花服装绘制步骤如图 6-37 所示。

步骤一：绘制线稿。先用铅笔在纸张的中间位置绘制一幅正面行走的人体动态图，然后绘制五官、头发、裙子和鞋子轮廓，再画出裙子上的柳叶纹图案。

步骤二：绘制肤色。用马克笔均匀填充头部、颈部、胸部、手臂和手部颜色，再加深眉毛、内眼角、外眼角、鼻底、嘴唇、耳朵、颈部、锁骨、胸部、腋下、手臂和手肘位置。

步骤三：填充头发颜色，并深入刻画五官。先用棕色马克笔绘制头发和部分服装；然后用深棕色马克笔绘制头发暗部，主要加深头发分缝、鬓角两侧和颈部两侧的位置；再用黑色彩铅加深上下眼线、鼻孔和嘴唇闭合线。

步骤四：填充眼球、裙子和鞋子的颜色，并加深头发暗部的颜色。

步骤五：用深棕色马克笔加深柳叶纹和鞋子的暗部，绘制柳叶纹的深色时不要将底色的浅棕色全部覆盖掉，要保留部分底色的颜色。

步骤六：绘制高光。用白色高光笔画出眼睛、鼻子和嘴唇的高光，再继续画出头发、颈部饰品、裙子和鞋子的高光。

（a）步骤一　（b）步骤二　（c）步骤三

图 6-37

（d）步骤四　　（e）步骤五　　（f）步骤六

图 6-37　印花服装绘制步骤

（三）混合面料服装绘制步骤

混合面料服装绘制步骤如图 6-38 所示。

步骤一：绘制线稿。先用铅笔在纸张的中间位置绘制一幅正面行走的人体动态图，然后绘制五官、头发、衣服和包的轮廓，再画出衣服上的褶皱。

步骤二：绘制肤色。用马克笔均匀填充头部、手部、包、鞋子的颜色，再加深眉毛、内眼角、外眼角、鼻底、嘴唇、耳朵、颈部、锁骨、胸部、腋下、手臂和手肘位置。

步骤三：填充头发的颜色，并深入刻画五官。先用棕色马克笔绘制头发和部分服装；然后用深棕色马克笔绘制头发暗部，主要加深头发分缝、鬓角两侧和颈部两侧的位置；再用黑色彩铅加深上下眼线、鼻孔和嘴唇闭合线。

步骤四：深入刻画面部、衣服、包和鞋子的颜色，加深暗部颜色。

步骤五：整体加深暗部，画出高光。用白色高光笔画出眼睛、鼻子和嘴唇的高光，再继续画出头发、包、衣服和鞋子的高光。

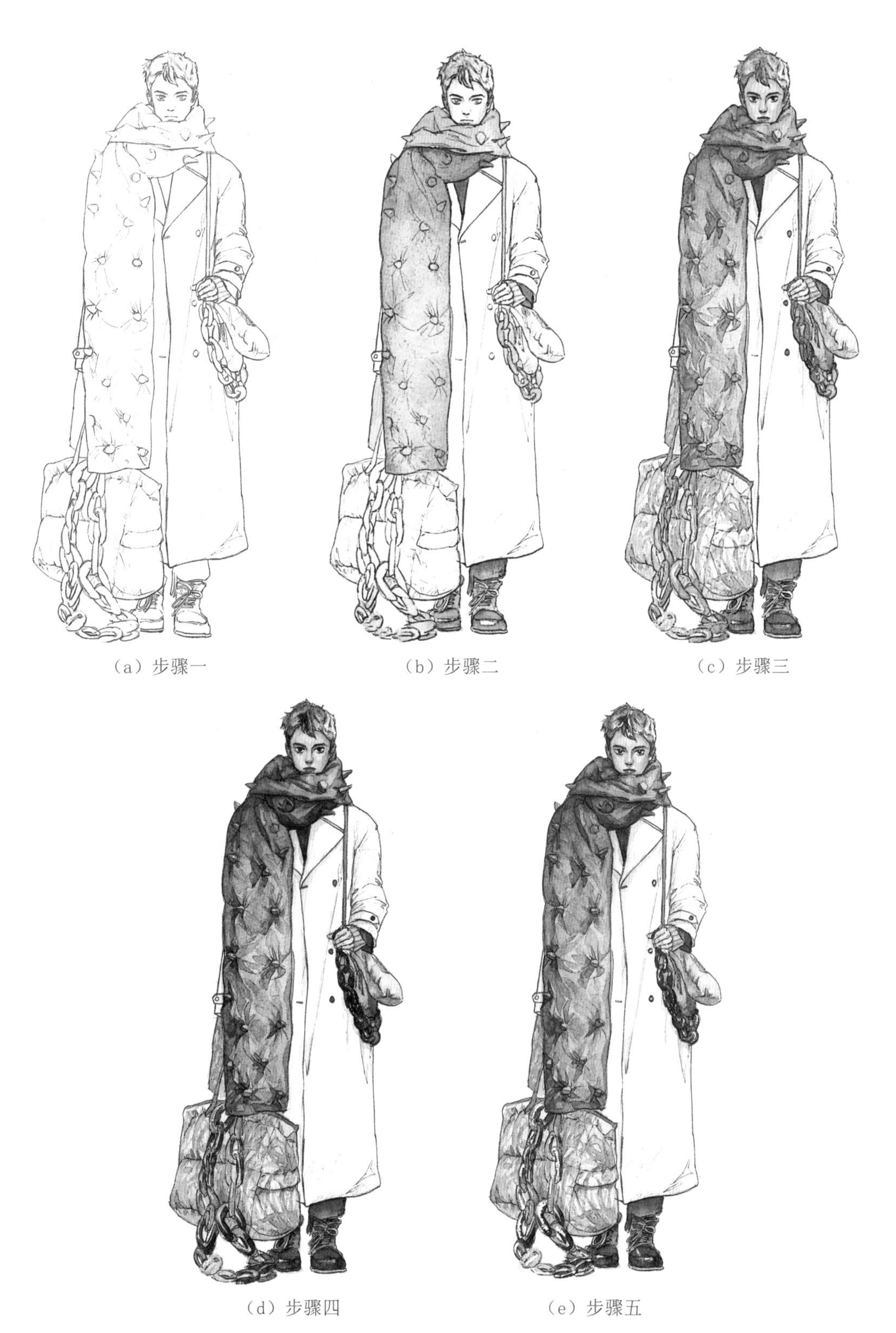

（a）步骤一　（b）步骤二　（c）步骤三

（d）步骤四　（e）步骤五

图6-38　混合面料服装绘制步骤（作者：王佳音）

综合时装画赏析见图 6-39 ~ 图 6-42。

图 6-39　综合时装画 1（作者：王佳音）

图 6-40　综合时装画 2（作者：王佳音）

图 6-41　综合时装画 3（作者：王佳音）

图 6-42　综合时装画 4（作者：王佳音）

第七章
时装画配饰的绘制

配饰与服装有着密不可分的关系，配饰可以对服装没有到达的人体部位进行装饰，也可用来装饰服装本身，两者共同构成了装饰人体的服饰系统。

现今传统的服饰设计教育中比较重视的是对服装设计方面人才的培养，配饰设计被当作从属于服装的一个次要部分，并未得到社会和教育界的足够关注。

其实，配饰设计与服装设计一样，都是同等重要的服饰设计的内容。各自都有着不同的工艺、材料与制作体系，都需要接受长期的教育与培训才能适应市场要求，并且都有着广阔的社会需求和发展前景。而且对于一名时尚设计师而言，掌握对配饰的选择、搭配和设计也是十分有益的。所以我们应以同等的态度对待配饰设计的基础学习，而本章讲述的配饰设计绘制技法便是配饰设计学习中一个重要的组成部分。

配饰不同于服装之处就在于，其中大多数的品类中都有着硬朗的固定形态，如帽子、戒指、鞋子等都不可折叠或平置，不像服装多较为柔软可以呈现出不规则的形态。即使某些由比较软性的材料制成的饰品，也不容易使用平面图的方法来表现其特定的结构，如包、鞋、袜等。所以，有必要通过类似工业设计中结构素描的表现手法来表现配饰的立体感和空间感。除此以外，配饰的材料运用较为宽泛，如金属、塑料、丝带、羽毛等生活中的多数材料都可以作为配饰的制作原料。因此，表达各种材料的质感和属性也是配饰绘制过程中的重要一环。

本章将从几种最常见的配饰帽子、首饰、包、鞋子入手，从空间立体感、材料质感方面，分步骤传授配饰绘制的技巧与方法。

第一节 时尚帽子的绘制

帽子属于服饰文化的一部分。帽子文化发展过程中形成了各种类型的帽子，我们在绘画过程中也需要了解帽子的文化和款式结构特点。帽子的款式类型有很多，常见的有网球帽、贝雷帽、鸭舌帽、太阳帽、牛仔帽、水手帽等。不同的帽子佩戴在人身上有不同的气质表现。通常，人的外在美除容貌、身材、举止、气质等固有特征外，服装搭配中的帽子，也是优美旋律里不可或缺的一段音符。

一、帽子的绘制步骤

为了更好地研究帽子的表现，我们需要从多角度去了解头像和帽子的透视，根据帽子的结构来刻画细节。

帽子的绘制步骤如图 7-1 所示。

步骤一：确定头部的透视方向。

步骤二：根据不同帽子的结构特点继续绘制。

步骤三：注意帽子不同材质的表现并绘制头发。

步骤四：根据光影来表现不同的材质和色彩。

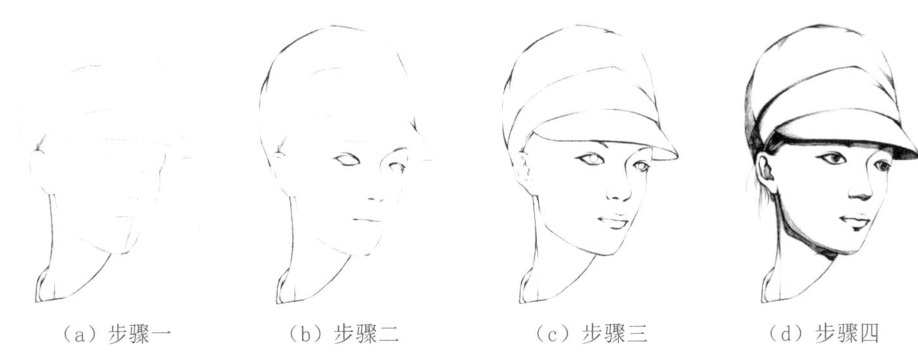

（a）步骤一　（b）步骤二　（c）步骤三　（d）步骤四

图 7-1　帽子的绘制步骤

二、不同款式帽子赏析

不同款式的帽子赏析见图 7-2～图 7-7。

图 7-2　帽子赏析 1　图 7-3　帽子赏析 2　图 7-4　帽子赏析 3

图 7-5　帽子赏析 4　图 7-6　帽子赏析 5（作者：孙欣晔）　图 7-7　帽子赏析 6

第二节　时尚首饰的绘制

首饰原指戴在头上的装饰品，现在泛指以贵重金属、宝石等加工而成的雀钗、耳环、项链、戒指、手镯等。首饰一般用以装饰形体，也具有表现社会地位、显示财富的意义。

一、首饰的绘制步骤

画时装画的首饰时，需要注意首饰在佩戴后的变化、透视、线条的流畅度、细节（包括宝石形状、金属构件和材质属性）。

项链与耳环套装的绘制步骤如图 7-8 所示。

步骤一：标注项链位置。

步骤二：画出项链延伸方向与位置。

步骤三：标注耳环位置与方向。

步骤四：根据首饰结构刻画细节。

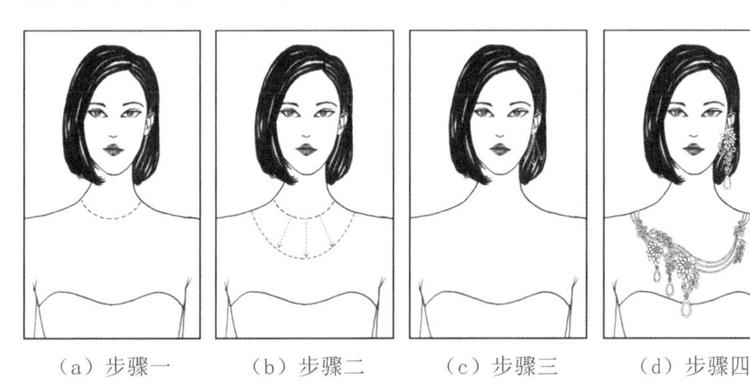

（a）步骤一　（b）步骤二　（c）步骤三　（d）步骤四

图 7-8　项链与耳环套装的绘制步骤

二、不同款式首饰赏析

不同款式首饰赏析见图 7-9 ~ 图 7-12。

图 7-9　首饰赏析 1

图 7-10　首饰赏析 2

图 7-11　首饰赏析 3

图 7-12　首饰赏析 4

第三节　时尚箱包的绘制

包从样式上大致分为单肩包、双肩包、斜挎包和手拎包等；从面料上分为皮质包、布艺包、绒布包、PVC 包等。

各种不同样式的包的特性不同，要想较好地表现包的款式特点，需要同时对材料有一定的解读，尤其在线条和透视上要加强练习。绘画时要尽量去表现包的面料特性和造型上的美感。

一、包的绘制步骤

画包时要重视包的造型和透视的效果，包很多时候是由多种材质组合而成，注重不同材质表达很重要。

手拎包的绘制步骤如图 7-13 所示。

步骤一：绘制出包的大致轮廓。

步骤二：大致表达出包的纹理。

步骤三：细致勾画出包的结构。

步骤四：深入勾画出包的各部分并强调包的立体感。

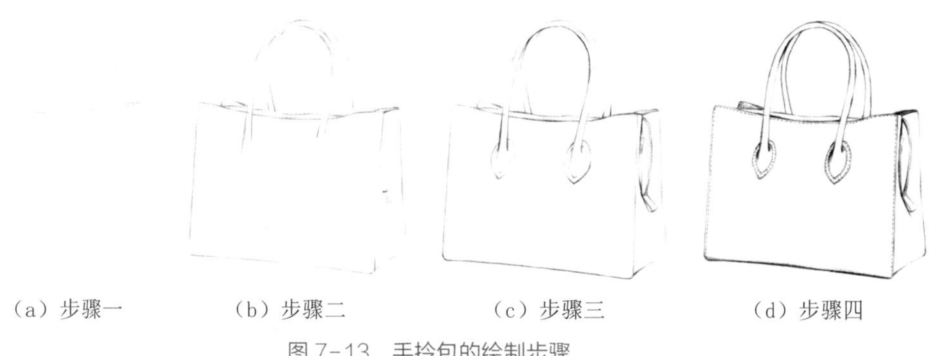

（a）步骤一　（b）步骤二　（c）步骤三　（d）步骤四

图 7-13　手拎包的绘制步骤

二、不同款式手拎包赏析

不同款式手拎包赏析见图 7-14～图 7-17。

图 7-14　手拎包赏析 1

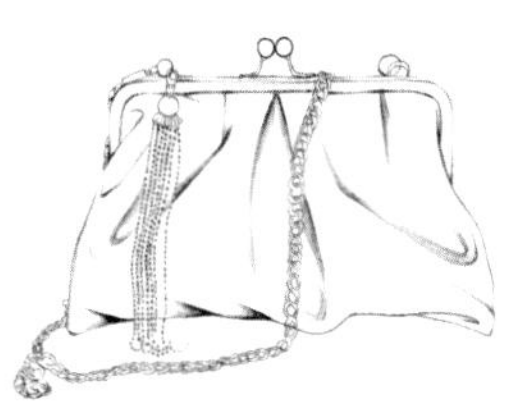

图 7-15　手拎包赏析 2

图 7-16　手拎包赏析 3

图 7-17　手拎包赏析 4

第四节　时尚鞋子的绘制

绘制鞋子的重点在于掌握鞋子的组成结构，难点在于对线条的控制。本节将对鞋子的结构和绘制步骤进行深入分析，并讲解各种材质的表现方法，分析鞋子的工艺结构。

一、鞋子的绘制步骤

画带脚的女鞋既可以使画面更加优雅，又能很好地表现鞋子的特性，绘制时需要把握好构图因素同时处理好脚部和鞋子的协调关系。

鞋子的绘制步骤如图 7-18 所示。

步骤一：画出鞋子的大致轮廓。

步骤二：勾画出鞋面和脚的位置。

步骤三：画出鞋面其他细节。

步骤四：进一步深入画出鞋子的拉链等细节，画出鞋子的阴影。

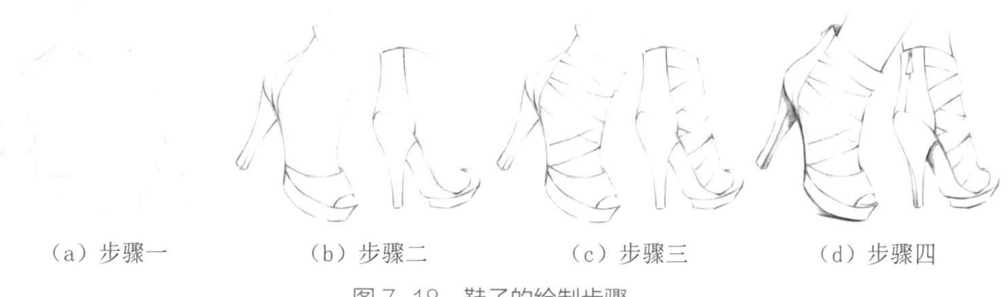

（a）步骤一　（b）步骤二　（c）步骤三　（d）步骤四

图 7-18　鞋子的绘制步骤

二、不同款式鞋子赏析

不同款式鞋子赏析见图 7-19 ~ 图 7-22。

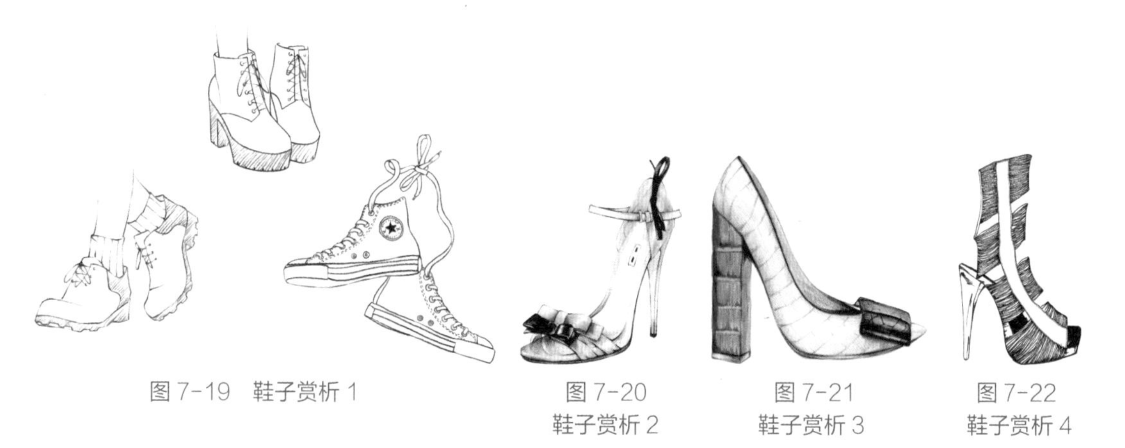

图 7-19　鞋子赏析 1　图 7-20 鞋子赏析 2　图 7-21 鞋子赏析 3　图 7-22 鞋子赏析 4

第八章
现代数码时装画技法

随着科学技术的发展，计算机越来越普遍地应用在各行各业中，给各行业带来了革命性的变化。而作为传统手工业的服装产业，也在这场变革的影响下迎来了新的发展空间，一种新的设计方式——电脑时装画设计图应运而生。

电脑拥有庞大的资料库，可以按照指令调出这些资料进行变形、复制、设计、存储、打印，从而来达到设计师想要的效果。比如，计算机系统的图形处理软件，可以让同一款式图案变化出不同的效果。此外，随着计算机科技的完善，不断有更先进的硬件设备产生。我们可以利用扫描仪、视频、数码相机等输入设备扫描并导入时装画所用的素材。在电脑中将作品编辑、绘制完成后，通过彩色喷墨打印机、激光打印机打印出成品，还可将其以电子文档的格式存储于光盘和硬盘设备中。另外随着互联网的日渐普及，可以随时将作品以最快捷、最经济的方式传递输送。其次，电脑拥有不断更新的软件，有助于我们的作品在呈现方式上永不落后，更符合时装画要求时尚、新锐、潮流的本质特征。

第一节　电脑时装画线稿绘制

电脑时装画的线稿绘制可以有三种方式，本节以 Photoshop 软件使用为参照，讲解两种绘制服装画线稿的方法。

一、扫描手绘线稿法

步骤一：对绘制好的时装画线稿进行拍照或扫描，拍照注意放在自然光处，尽可能保证拍摄平面受光均匀，并将图片上传进电脑。

步骤二：用电脑打开 Photoshop（参照 2019 版本），新建文档：A4 大小，分辨率 300ppi，RGB 颜色模式，白色背景（图 8-1）。

步骤三：把步骤一中上传进电脑的图片导入 Photoshop 工作界面，按下键盘上【Ctrl+L】命令，调节图片色阶至图片线稿清晰为止（图 8-2）。

步骤四：用橡皮擦去图片中除了线稿外的多余部分，对线稿进行适当调整（图 8-3）。

步骤五：文件菜单下，选择“保存”命令，对线稿进行保存。完成线稿绘制。

二、Photoshop 绘制法

步骤一：用电脑打开 Photoshop（参照 2019 版本），新建文档：A4 大小，分辨率 300ppi，

RGB 颜色模式，白色背景。

步骤二：导入想要绘制的图片置于工作界面中部并调至适当大小（等比例缩放要按住 Shift 键）。

步骤三：把导入的图片透明度降低，能大致看到轮廓即可（图 8-4）。

步骤四：新建一个图层，置于导入图片图层之上。

步骤五：选择“画笔工具—硬边圆”，然后在新建图层上进行绘制（图 8-5）。

步骤六：文件菜单下，选择“保存”命令，对线稿进行保存。完成线稿绘制（图 8-6）。

图 8-1　扫描手绘线稿法步骤二

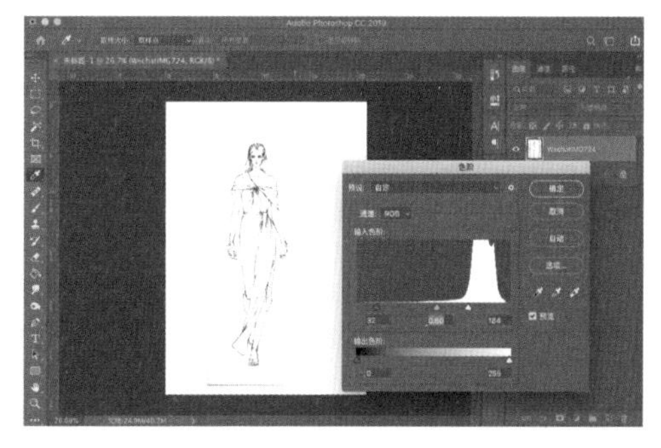

图 8-2　扫描手绘线稿法步骤三

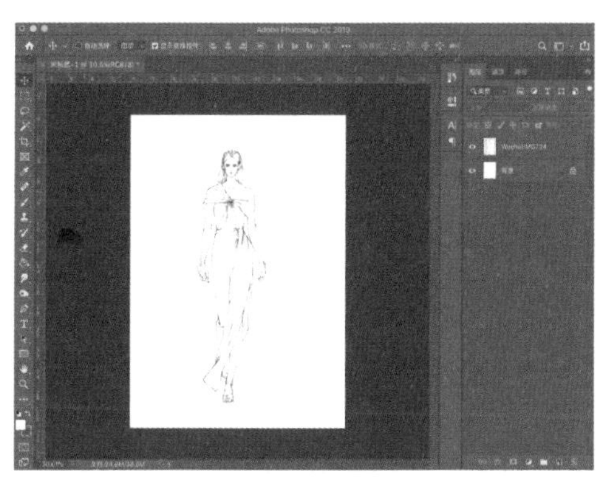

图 8-3　扫描手绘线稿法步骤四

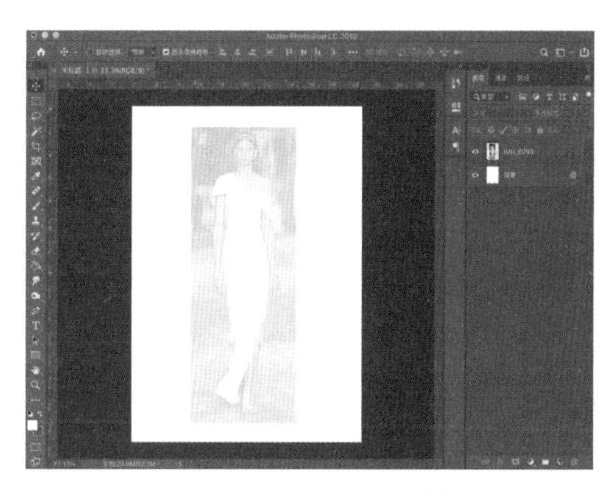

图 8-4　Photoshop 绘制法步骤三

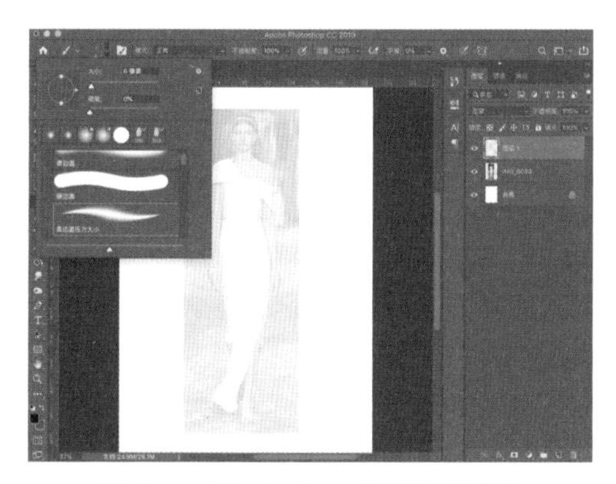

图 8-5　Photoshop 绘制法步骤五

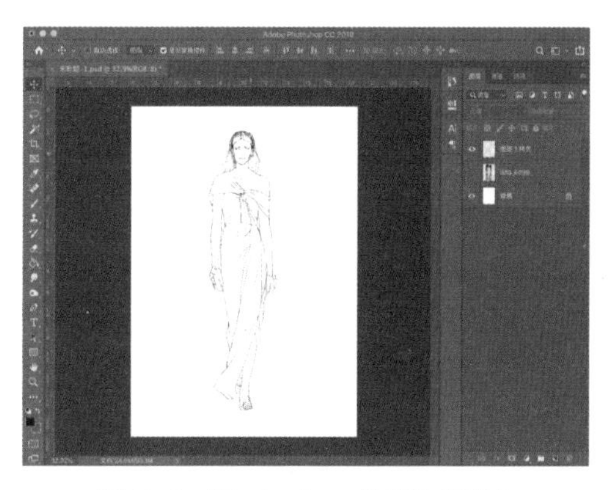

图 8-6　Photoshop 绘制法步骤六

第二节　电脑时装画的人体上色

面容是表现人物状态的重要部分之一。女性和男性因为肤色、轮廓等特征的不同在绘制过程中也会存在一定的差异。电脑时装画的上色可以有多种形式，本节以 Photoshop 软件使用为参照，以笔刷工具作为上色的主要工具。

一、女性面部绘制

一般女性肤色较为白皙，适合采用浅粉色系进行绘制。在妆容的色彩搭配方面较为灵活。女性面部绘制步骤如图 8-7 所示。

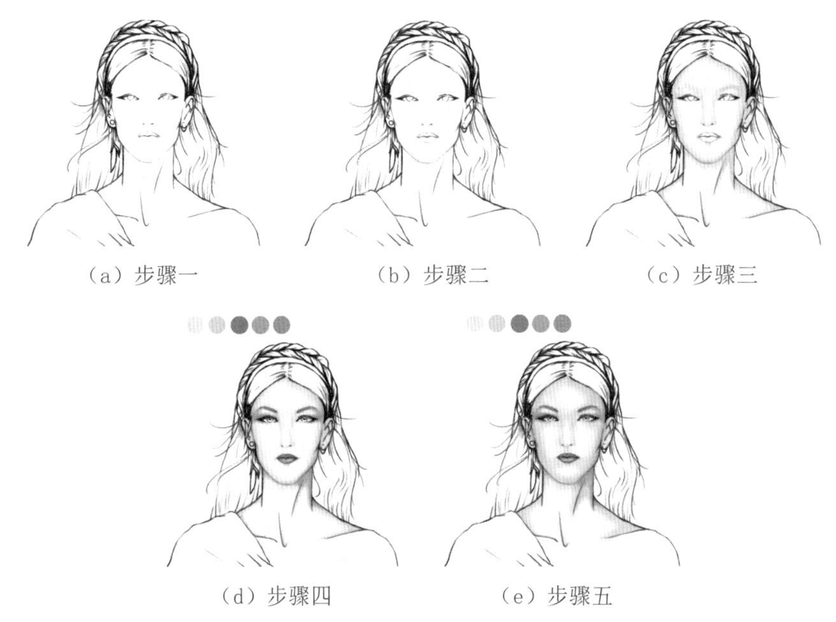

（a）步骤一　（b）步骤二　（c）步骤三

（d）步骤四　（e）步骤五

图 8-7　女性面部绘制步骤

步骤一：勾勒线稿。选择画笔工具用面板中的“硬边圆压力大小”笔刷勾勒线稿。着重绘制人物五官部分。脸型的轮廓线以及脸颊的构成结构可使用笔触轻微扫过。

步骤二：绘制主体色调。选择画笔工具画板中的“柔边圆压力不透明度”笔刷。由于此笔刷的着色边缘柔和，类似于淡彩效果，因此可以在拾色器中选择浅粉色作为肤色的主要色调。

步骤三：绘制暗色调。由于暗部的笔触需要有边缘感明确的笔刷痕迹，因此可以将笔刷的透明度调至 67%，流量调至 33%。使用拾色器选择暗部的色彩。

步骤四：绘制五官。逐渐深入地绘制五官结构，可将重点放在眼睛和嘴唇的刻画上。注意发际线的部位，头发与面部的颜色过渡要柔和，为后面头发的绘制打好基础。

步骤五：刻画细节。重点描绘瞳孔和嘴唇的细节特征。为了突出女性的脸颊特征，可以适当加深其脸部的轮廓起伏。

二、女性头部绘制

这是一款轻松、柔美的自然发型，可以搭配任何服饰。轻、飘、柔、顺是它的最大特点，刻画的重点就在于其飘逸感的表现。女性头部绘制步骤如图 8-8 所示。

步骤一：勾勒线稿。选择画笔工具面板中的“硬边圆压力大小”笔刷，勾勒出头发的线稿层次。需要注意的是头发飘动的线条变化及各部分发群的疏密程度对比。

步骤二：绘制基础色。选择画笔工具面板中的“柔边圆压力不透明度”笔刷，将前景色设置为亚麻色，绘制头发的色彩基调。

步骤三：为头发暗部上色。选择画笔工具画板中的“硬边圆压力不透明度”笔刷，绘制头发的暗部区域。注意头发的暗部区域主要在于发根部位及各层之间的交汇处。画者可以按照动态分析图中的方向走势进行上色处理。

步骤四：加深暗部。提亮高光，刻画发丝细节。使用“加深工具”，范围选择“阴影”，绘制阴影部分。使用“减淡工具”，范围选择“高光”，绘制高光部分。这一步是使头发瞬间显现光泽效果的关键步骤，然后进一步结合使用“加深工具”“减淡工具”便可产生事半功倍的效果。

（a）步骤一　（b）步骤二　（c）步骤三　（d）步骤四

图 8-8　女性头部绘制步骤

三、男性面部绘制

男性面部的绘制方法与女性的绘制方法相似。区别是女性面部的刻画重点在于眼睛和嘴唇，而男性面部则要表现出其特有的力量感和立体感。因此，绘制重点就要放在脸部结构的刻画上，如鼻梁、鼻翼的立体塑造，脸、额轮廓的描绘，以及眉弓与下巴块面转折的处理。除此之外，还需要适当刻画出男性颈部的阴影与喉结。男性面部绘制步骤如图 8-9 所示。

步骤一：勾勒线条。选择画笔工具面板中的“硬边圆压力大小”笔刷，勾勒出面部与头发的线稿层次。需要注意头发的线条疏密程度对比，情调面部轮廓的硬直效果。

步骤二：大体铺设肤色。选择画笔工具面板中的“柔边圆压力不透明度”笔刷，绘制皮肤的基础色调。如图 8-9（b）所示，肤色较浅，所以笔触也较为轻柔。发色和眼睛颜色与肤色要相协调。

步骤三：描绘细节。选择画笔工具面板中的“柔边圆压力不透明度”笔刷，逐渐深入地绘制五官结构与发型细节。

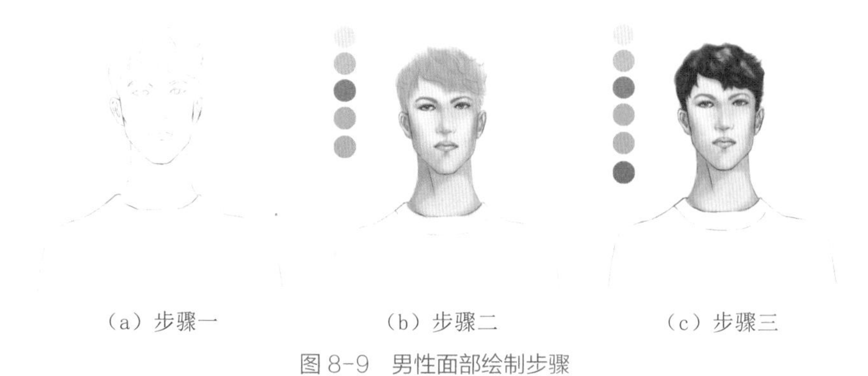

（a）步骤一　（b）步骤二　（c）步骤三

图 8-9　男性面部绘制步骤

第三节　电脑时装画的面料绘制

本节选取了四套极具代表性的服装款式进行绘制实例讲解，通过其具体绘制步骤的分析，帮助读者了解并掌握这些服装基本面料的处理技巧。这些面料包括针织面料、印花面料、格纹面料、牛仔面料等。本节以 Photoshop 软件使用为参照。

一、时装画面料的制作

面料是服装造型的重要因素之一，是服装的色彩、款式等特征形式的表现载体。不同的材质、肌理能够直观、准确地表现不同服装所特有的艺术风格。本部分以四块面料小样的绘制为例，逐步讲解 Photoshop 软件中各种工具的使用，为后面的完整时装画绘制做好铺垫（图 8-10）。

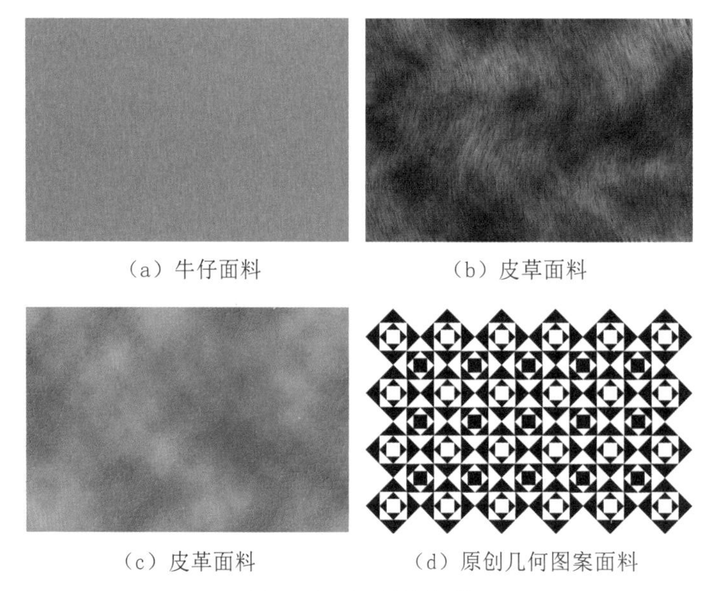

（a）牛仔面料　（b）皮草面料

（c）皮革面料　（d）原创几何图案面料

图 8-10　不同种类面料

（一）牛仔面料绘制

步骤一：电脑打开 Photoshop（参照 2019 版本），新建文档：10cm × 10cm，分辨率 300ppi，RGB 颜色模式，白色背景（图 8-11）。

步骤二：对前景色和背景色进行设置，选择油漆桶工具把工作界面填充成前景色（图 8-12）。

图 8-11　牛仔面料绘制步骤一

图 8-12　牛仔面料绘制步骤二

步骤三：滤镜菜单下，选择“杂色—添加杂色（单色）”命令（图 8-13）。

步骤四：滤镜菜单下，选择“模糊—动感模糊”命令。

步骤五：拖动图层面板中背景图层进行复制，创建出“背景副本”，按下键盘上【Ctrl+T】键将该图层进行 90° 旋转，并将其图层不透明度调至 50%。

步骤六：将“背景副本”图层“正片叠底”。再选中“背景”图层，按下键盘上【Ctrl+E】键将两个图层合并，完成牛仔面料的绘制（图 8-14）。

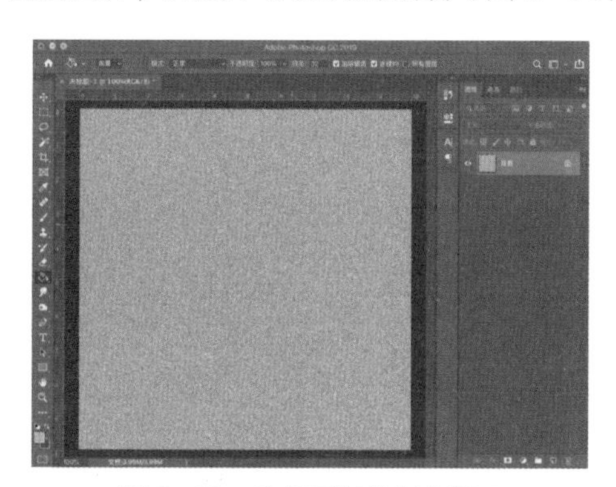

图 8-13　牛仔面料绘制步骤三

图 8-14　牛仔面料绘制步骤六

（二）皮草面料绘制

步骤一：电脑打开 Photoshop（参照 2019 版本），新建文档：10cm × 10cm，分辨率 300ppi，RGB 颜色模式，白色背景（图 8-15）。

步骤二：对前景色和背景色进行设置，前景色为白色，背景色为黑色。选择油漆桶工具把工作界面填充成前景色。

步骤三：滤镜菜单下，选择“杂色—添加杂色（单色）”命令。

步骤四：滤镜菜单下，选择“模糊—动感模糊”命令，并在对话框中对角度和距离进行如图8-16中的设置。

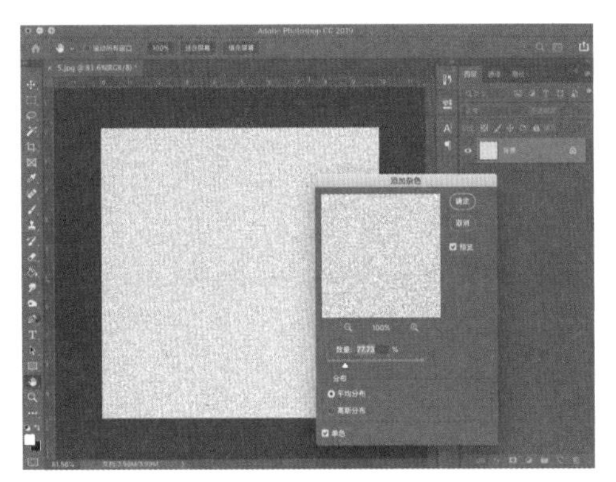

图 8-15　皮草面料绘制步骤一

图 8-16　皮草面料绘制步骤四

步骤五：图像菜单下，选择“调整—色阶”命令，并在对话框中进行如图 8-17 中的参数设置。

步骤六：滤镜菜单下，选择“扭曲—旋转扭曲”命令。

步骤七：新建图层 1，前景色为黄色，背景色为黑色。使用“油漆桶”工具对新建图层进行填充。

步骤八：滤镜菜单下，选择“渲染—云彩”命令，把图层显示格式改为“正片叠底”。

步骤九：同时选中图层 1 和背景图层，按下键盘上【Ctrl+E】键将两个图层合并，完成皮草面料的绘制（图 8-18）。

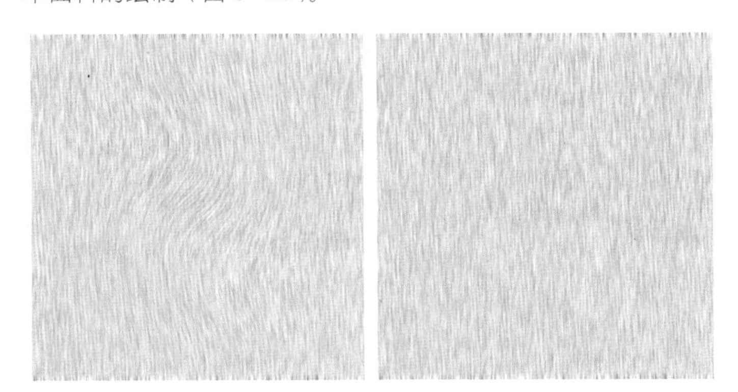

图 8-17　皮草面料绘制步骤五

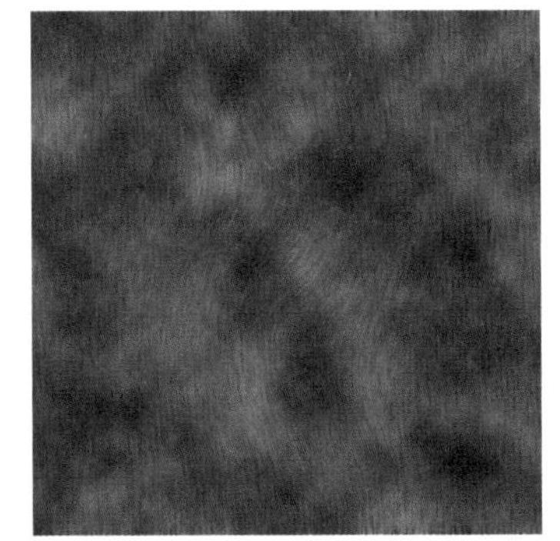

图 8-18　皮草面料绘制步骤九

（三）皮革面料绘制

步骤一：电脑打开 Photoshop（参照 2019 版本），新建文档：10cm × 10cm，分辨率 300ppi，

RGB 颜色模式，白色背景。

步骤二：对前景色和背景色进行设置，选择心仪的颜色，使用油漆桶工具把工作界面填充成前景色（图 8-19）。

步骤三：滤镜菜单下，选择“渲染—云彩”命令。拖动图层面板中背景图层进行复制，创建出“背景副本”（图 8-20）。

图 8-19 皮革面料绘制步骤二

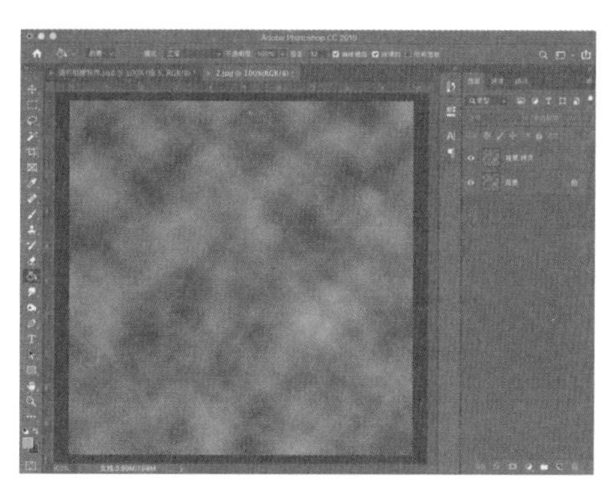

图 8-20 皮革面料绘制步骤三

步骤四：背景副本图层方面，滤镜菜单下，选择“纹理—染色玻璃”命令（如未找到“纹理”命令，可在滤镜库中寻找）（图 8-21）。

步骤五：背景副本图层方面，滤镜菜单下，选择“风格化—浮雕效果”命令，并改变图层显示格式为“柔光”。按下键盘上【Ctrl+E】键将两个图层合并，完成皮革面料绘制（图 8-22）。

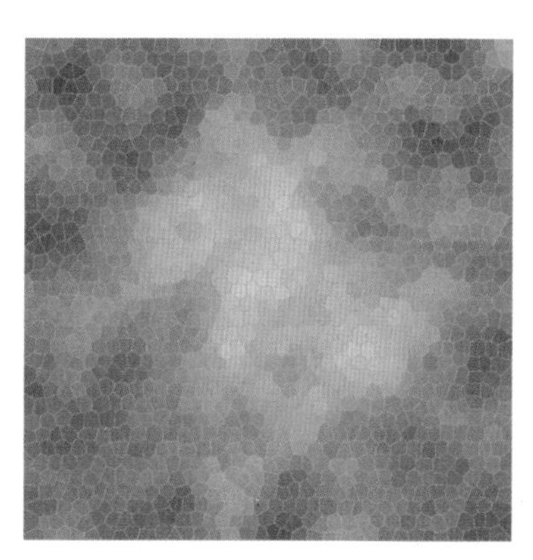

图 8-21 皮革面料绘制步骤四

图 8-22 皮革面料绘制步骤五

（四）原创几何图案面料绘制

步骤一：电脑打开 Photoshop（参照 2019 版本），新建文档：10cm×10cm，分辨率 300ppi，RGB 颜色模式，白色背景，视图菜单下“显示额外内容”（图 8-23）。

步骤二：设置心仪的前景色，选择矩形选择工具并按住 Shift 键在工作区中画出一个正方形，新建图层 1，用油漆桶工具填色（图 8-24）。

图 8-23　原创几何图案面料绘制步骤一

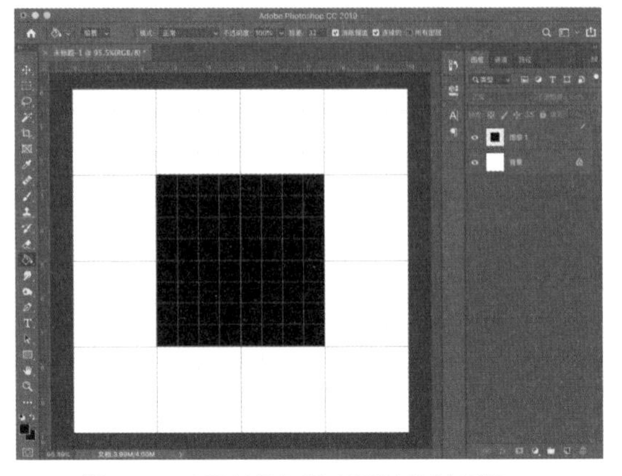

图 8-24　原创几何图案面料绘制步骤二

步骤三：在步骤二基础上参考标尺线，在绘制一个等比例缩小的正方形，新建图层 2，用油漆桶填充颜色，按住 Shift 键旋转 90°。

步骤四：重复步骤三的操作，直至完成如图效果。选中所有新建 4 个图层，按下键盘上【Ctrl+E】键将 4 个图层合并（图 8-25）。

步骤五：把合并后的图层 4 旋转 90°，拖动图层面板中合并图层进行复制，创建出“图层 4 副本”，按住 Shift 键平行移动，重复“复制图层”“移动”操作，直至完成如图 8-26 的效果。

步骤六：对空白部分进行如图 8-27 样式的填充，直至完成如图中的效果，完成几何图案面料绘制。

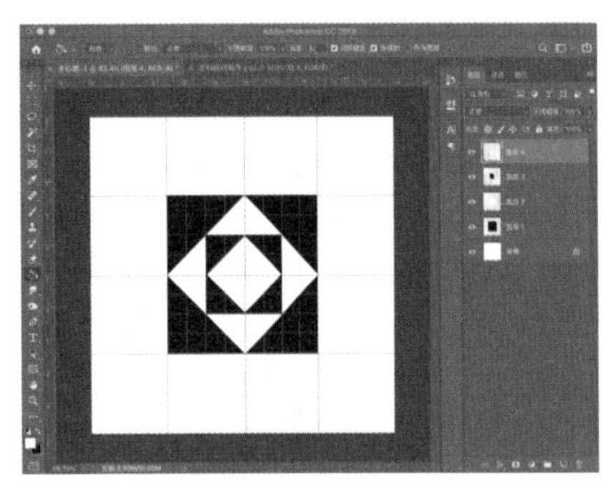

图 8-25　原创几何图案面料绘制步骤四

图 8-26　原创几何图案面料绘制步骤五

图 8-27　原创几何图案面料绘制步骤六

二、面料在时装画中的应用

本部分将从面料入手，着重阐述电脑时装画中面料肌理和图案的应用技法，以 Photoshop 软件使用为主要工具。

（一）面料贴入技法

步骤一：在文件菜单下，选择“打开”命令，打开提前准备好的线稿（线稿绘制可参考第一节内容），并用相同方法打开面料文件（图 8-28）。

步骤二：面料文件方面，选择“矩形选框工具”，框选面料。

步骤三：编辑菜单下，选择“拷贝”指令（图 8-29）。

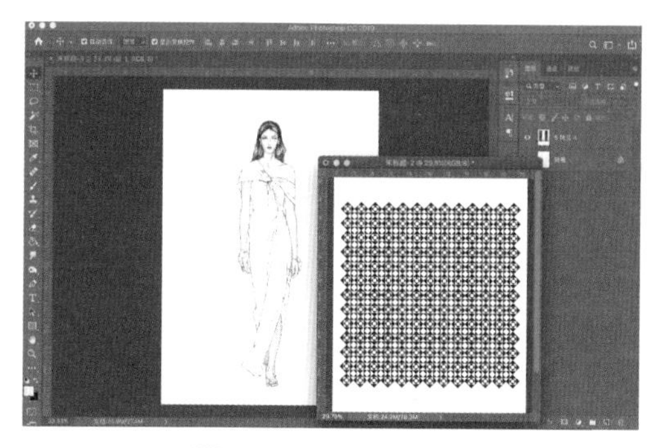

图 8-28　面料贴入步骤一

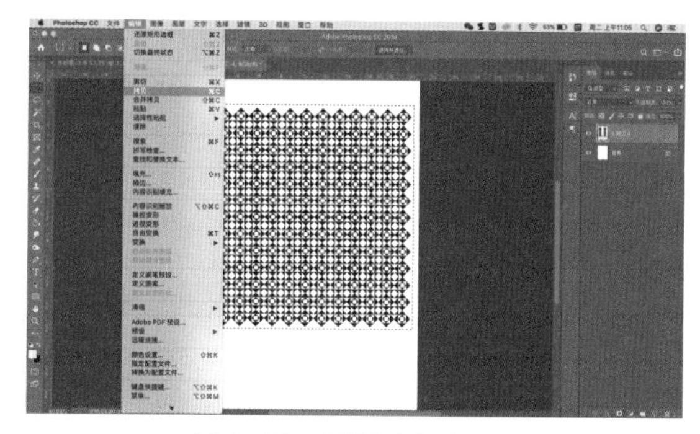

图 8-29　面料贴入步骤三

步骤四：线稿图层方面，选择“魔棒”工具，点出线稿中的填充部分（线稿为闭合线路才能实现，如果线稿未闭合可选择画笔工具对线稿进行修补直至闭合）。

步骤五：编辑菜单下，选择“选择性粘贴—贴入”命令，完成面料贴入（图 8-30）。

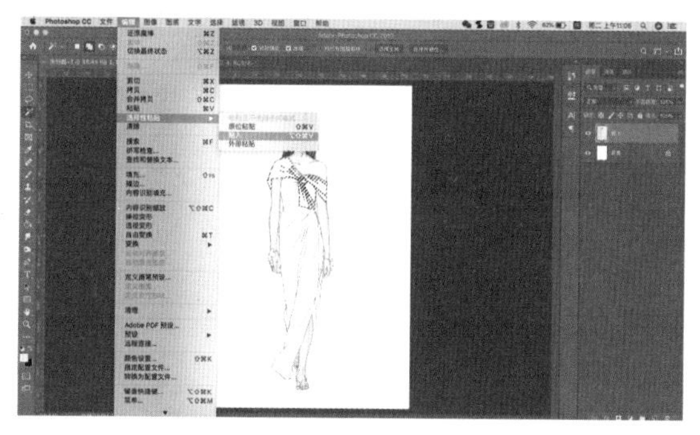

图 8-30　面料贴入步骤五

步骤六：选中贴入面料图层，键盘上按下【Ctrl+T】键，鼠标按下右键—变形，对面料进行适当调整，直至与线稿服装贴合（图 8-31）。

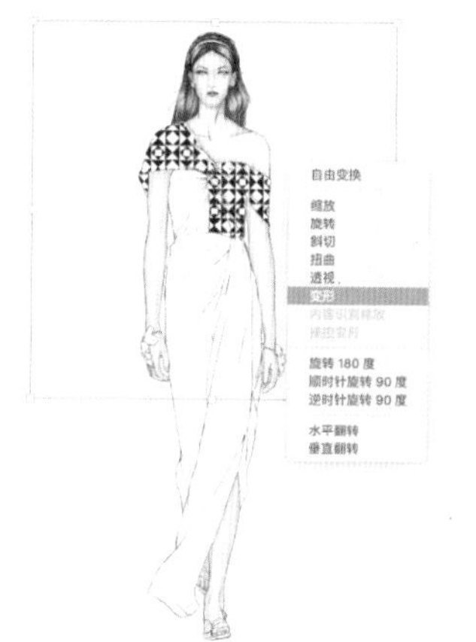

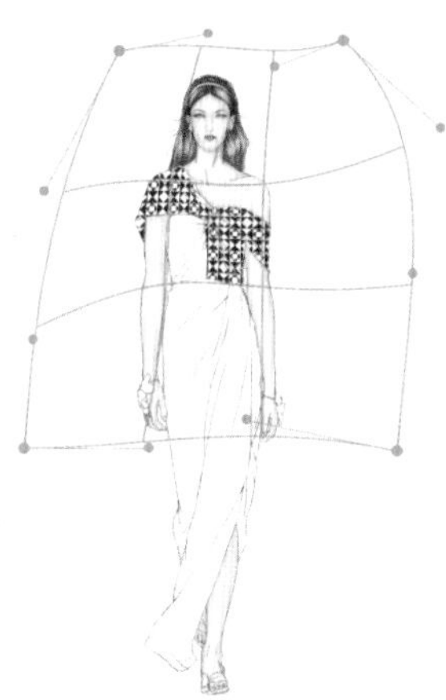

图 8-31　面料贴入步骤六

（二）图案贴入技法

步骤一：在文件菜单下，选择“打开”命令，打开提前准备好的线稿（线稿绘制可参考第一节内容）。并用相同方法打开图案文件（图 8-32）。

图 8-32　图案贴入步骤一

步骤二：把图案文件直接拉入线稿文件中，并置于线稿图层之下，把图案移动到心仪的位置，键盘上按下【Ctrl+T】键，鼠标按下右键—变形，对面料进行适当调整，直至与线稿服装贴合（图 8-33）。

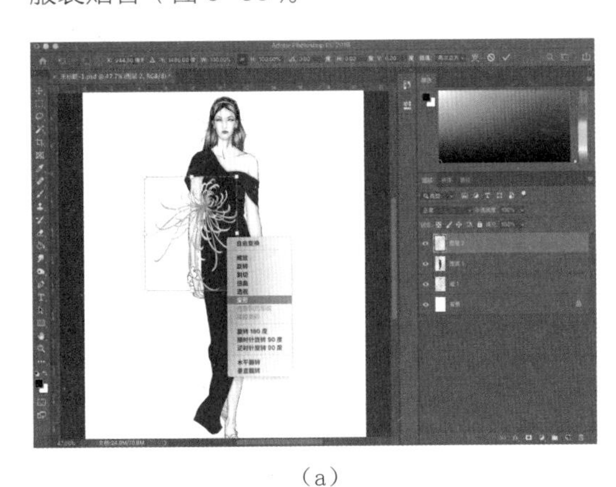

（a）

（b）

图 8-33　图案贴入步骤二

步骤三：线稿图层方面，选择“魔棒”工具，点出线稿相对位置，鼠标右键—选择方向，选中图案图层，按下 Delete 键删除图案多余部分。完成图案贴入（图 8-34）。

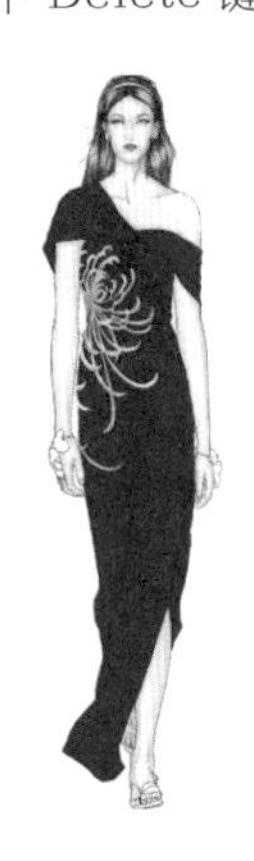

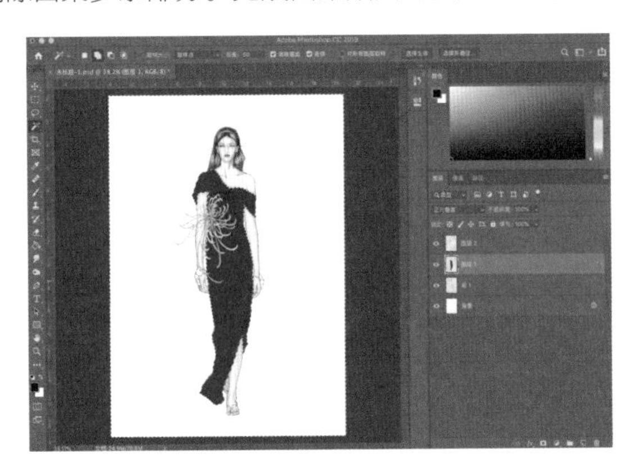

图 8-34　图案帖入步骤三

第四节 电脑时装画的立体效果表现技法

本节主要讲解时装画绘制的最后一步——立体效果的表现。立体效果的表现不仅要求绘图者要熟练掌握绘制步骤，也要对人体有系统化的了解。时装因为穿着于人体身上才会显得有立体感，脱离了人体时装就会成为平面化的服饰。因此，在表现时装画的立体感之前了解人体自身的结构是必不可少的一环，人体部分在之前的章节中有详细的讲解，在学习本节前可做回顾温习。

本节以 Photoshop 软件使用为参照，提供两种方法的立体效果绘制。本节是在完成前面章节的绘制步骤基础上的进一步深化，包括线稿绘制、人体着色以及面料的贴合。

一、笔刷工具绘制技法

步骤一：文件菜单下，选择“打开”命令，打开提前准备好的时装画半成品文件（已完成线稿绘制、人体着色以及面料的贴合）。

步骤二：线稿图层方面，选择“魔棒”工具，按住 Shift 键，同时选择同一面料的所有部分，新建图层（可命名为“阴影 1”），并改阴影 1 图层显示格式为“正片叠底”（图 8-35、图 8-36）。

步骤三：选择“吸管”工具，吸取面料的颜色（图 8-37）。

图 8-35 新建阴影 1 图层

图 8-36 阴影 1 图层“正片叠底”显示

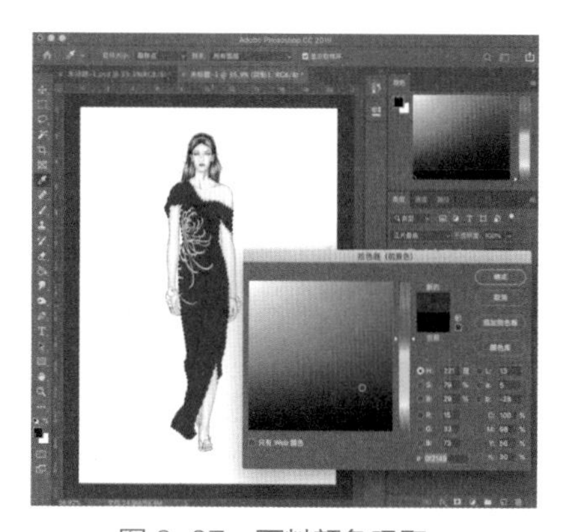

图 8-37 面料颜色吸取

步骤四：阴影 1 图层方面，选择“柔边圆压力不透明度”笔刷命令，如图 8-38、图 8-39 所示，对衣服转折处进行绘制加深（用笔方向顺从衣服结构）。再把阴影 1 图层透明度调至合适数值。

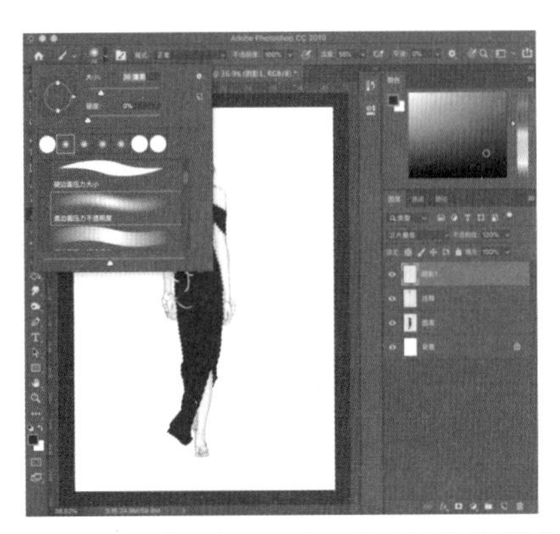

图 8-38　选择“柔边圆压力不透明度”笔刷命令

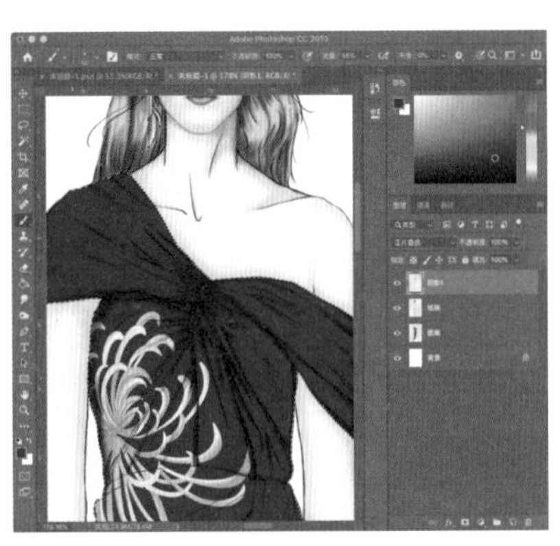

图 8-39　勾画暗部、调节图层透明度

步骤五：新建图层（可命名为“阴影 2”），改阴影 2 图层显示格式为“正片叠底”。重复步骤三中的操作，本次阴影绘制可缩小范围，只强调衣服转折过程中最深的部分（若想阴影绘制更有层次，可多次重复本步骤）（图 8-40，图 8-41）。

步骤六：新建图层（可命名为“高光”），选择“毛笔工具—柔边圆”笔刷命令，并把笔刷颜色调为白色，对衣服亮部进行绘制，把高光图层透明度调至合适数值。完成时装画立体效果的表现（图 8-42～图 8-44）。

图 8-40　新建阴影 2 图层并“正片叠底”显示

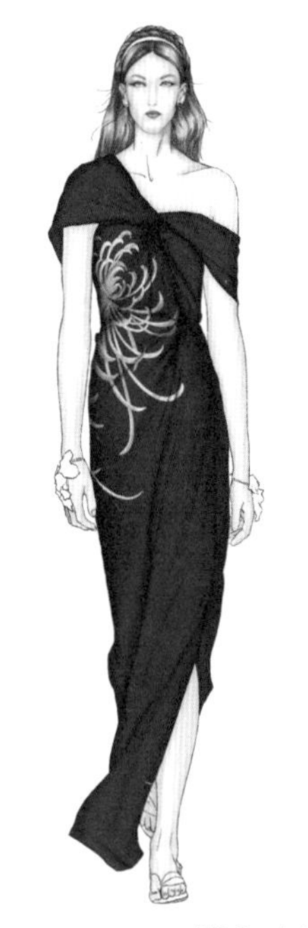

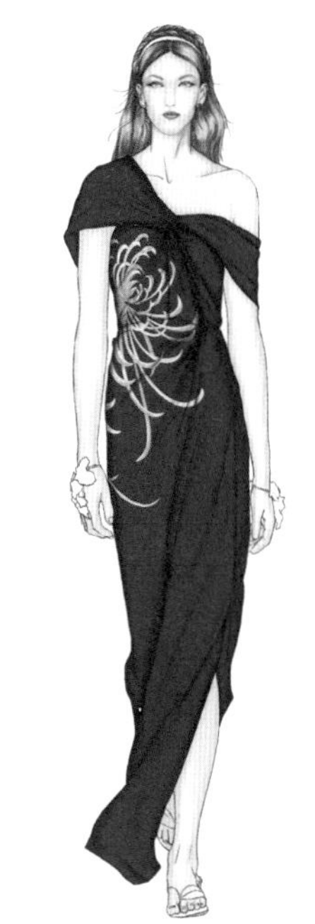

图 8-41　增加阴影层次

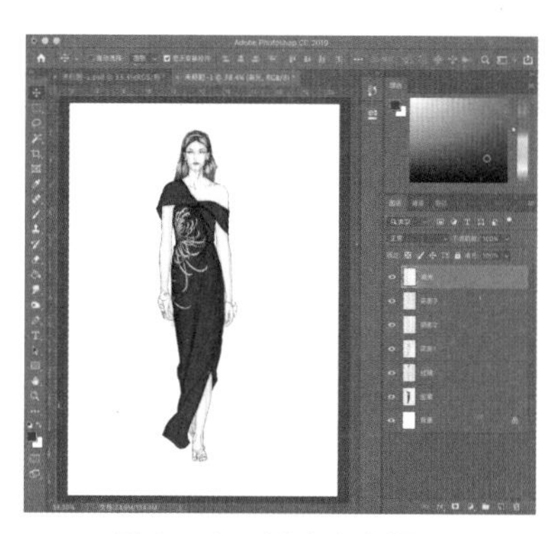

图 8-42　新建高光图层

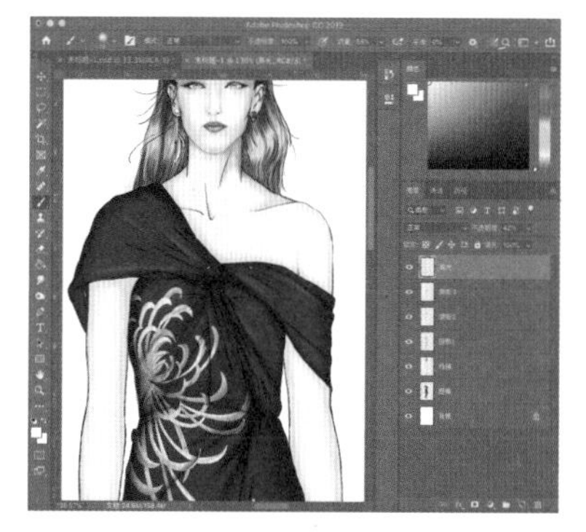

图 8-43　勾画亮部、调节图层透明度

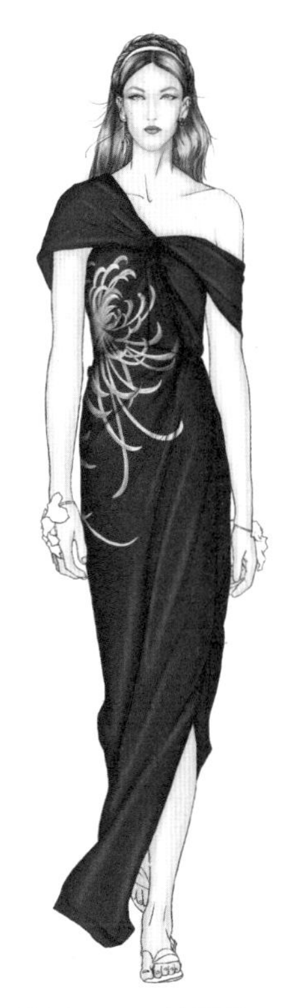

图 8-44　效果展示

二、减淡加深工具绘制技法

步骤一：文件菜单下，选择“打开”命令，打开提前准备好的时装画半成品文件（已完成线稿绘制，人体着色以及面料的贴合）。

步骤二：工具栏选择“加深”工具，面料图层方面，选择“柔边圆压力不透明度”笔刷，对衣服转折处进行绘制加深，可做重复重点加深（图 8-45 ~ 图 8-47）。

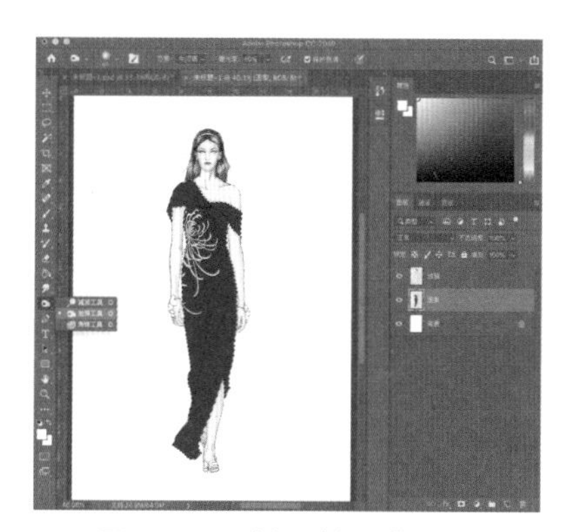

图 8-45　选择“加深”工具

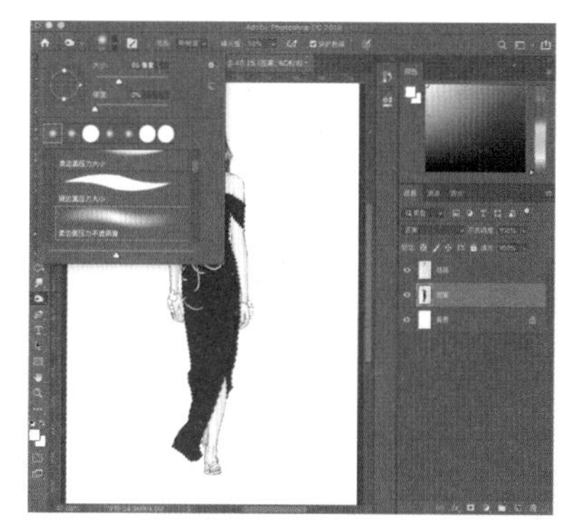

图 8-46　选择“柔边圆压力不透明度”笔刷命令

步骤三：工具栏选择“减淡”工具，面料图层方面，选择“柔边圆压力不透明度”笔刷，对衣服亮部进行提亮。完成时装画立体效果的表现（图 8-48、图 8-49）。

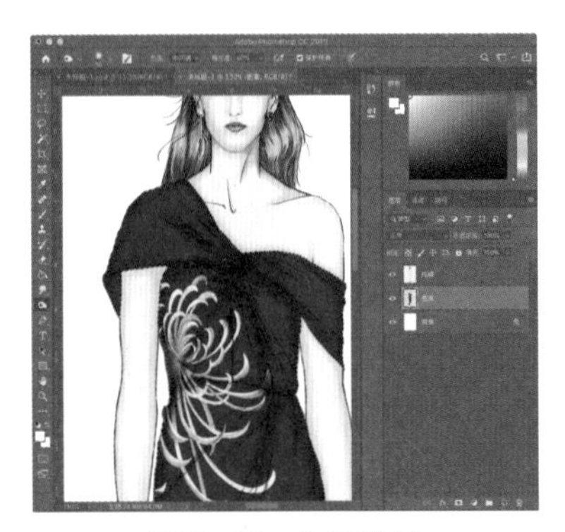

图 8-47　勾画暗部

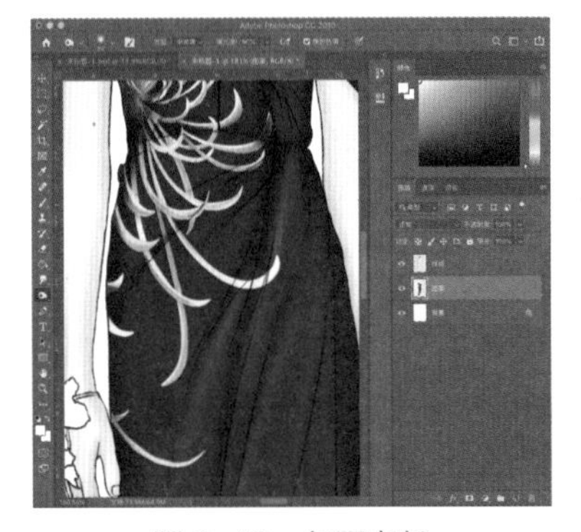

图 8-48　勾画亮部

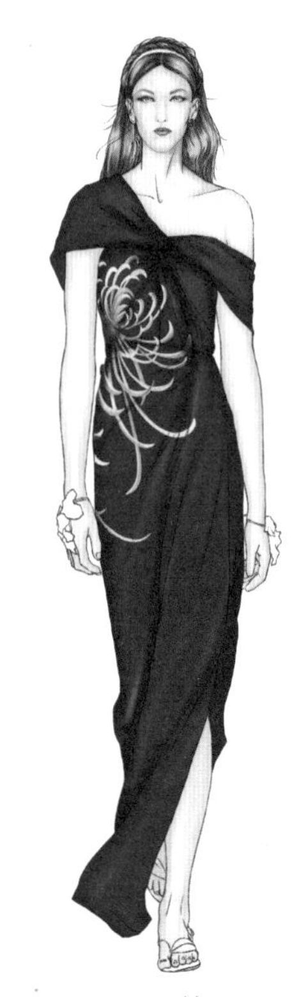

图 8-49　效果展示

第五节　数码时装画作品赏析

数码时装画作品赏析见图 8-50 ~ 图 8-59。

图 8-50　数码时装画 1（作者：徐倩蓝）

图 8-51　数码时装画 2（作者：徐倩蓝）

图 8-52　数码时装画 3（作者：徐倩蓝）

图 8-53　数码时装画 4（作者：徐倩蓝）

图 8-54　数码时装画 5（作者：徐倩蓝）

图 8-55　数码时装画 6（作者：徐倩蓝）

图 8-56　数码时装画 7（作者：徐倩蓝）

图 8-57　数码时装画 8（作者：徐倩蓝）

图 8-58　数码时装画 9（作者：夏如玥）

图 8-59　数码时装画 10（作者：夏如玥）

第九章
时装画作品赏析

图 9-1　时装画赏析 1（作者：李慧慧）

点评：图 9-1 为一幅水彩时装画。人体动态、比例协调，构图美观。色调搭配有系列感和节奏感。皮草和西装面料质感表达明确。

图 9-2　时装画赏析 2（作者：王佳音）

点评：图 9-2 为一幅水彩时装画。作品在色彩的搭配上体现了作者特有的设计风格，作者通过对水彩颜料水分的控制和掌握刻画出了不同服装面料的质感。

点评：图 9-3 为一幅水彩时装画。一站一坐不同动态的搭配使得时装画的画面更加丰富。不同材质组成的服装效果表达较为清晰。草原服饰特有的风格特征得到了很好的展现。

图 9-3　时装画赏析 3（作者：孙嘉悦）

点评：图 9-4 为一幅水彩时装画。作者很注重细节的刻画，在画服装上的花纹时注重虚实效果的表达，因此服装的空间和立体感得到了加强。

图 9-4　时装画赏析 4（作者：窦振南）

图 9-5　时装画赏析 5（作者：李慧慧）

点评：图 9-5 为一幅水彩时装画。作者在绘制时装画时不仅注重时装本身的刻画，对画面的构图和排版也进行了设计，英文字母的设计和运用使得整个画面更加完整和富有美感。

图 9-6　时装画赏析 6（作者：谷泽辰）

点评：图 9-6 为一幅水彩时装画。作者对画面进行了渲染，使得画面更加生动，富有艺术感。时尚与复古风格的碰撞让画面的观赏性得到了加强。

图 9-7　时装画赏析 7（作者：程清杨）

点评：图 9-7 为一幅马克笔时装画。作者对人体动态把握精准，笔触的运用增强了时装画的画面感，发挥了马克笔独有的特性。撞色的搭配运用使得画面效果进一步加强。

点评：图 9-8 为两幅马克笔时装画。作者在绘制时并没有以追求写实为目的，而是以二次元的形式表现，这也是一种合理的绘图风格，画面依然具有美感和艺术特征。

图 9-8　时装画赏析 8（作者：吴娇娇）

图 9-9　时装画赏析 9（作者：杨妍）

点评：图 9-9 为两幅黑白线描时装画。作者在绘图时违背了正常人体特征和造型的手法，这也是时装画风格特征中的一种，这种手法更具有作者自身的个性和想法，经常用作时尚插画。

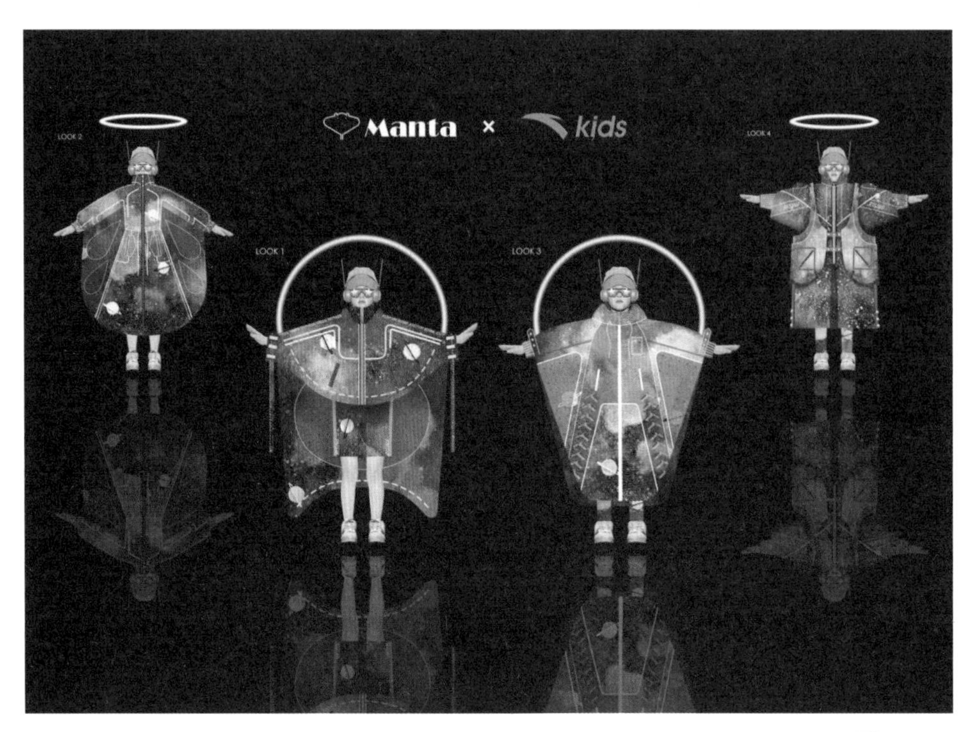

图 9-10　时装画赏析 10（作者：徐文洁）

点评：图 9-10 为电脑时装画。作者进行了系列化的款式设计，很好地运用了扫描手绘线稿法、面料贴入法等 Photoshop 中的技法。

更多案例见本书二维码。

参考文献

[1] 李正，徐崔春，李玲，顾刚毅 . 服装学概论 [M]. 2 版 . 北京：中国纺织出版社，2014.

[2] 李正，李细珍，刘文涓，周玲玉，李东醒 . 服装画表现技法 [M]. 上海：东华大学出版社，2018.

[3] 郑俊洁 . 时装画手绘表现技法 [M]. 北京：中国纺织出版社，2017.

[4] 陈彬 . 时装画技法东华大学服装学院时装画优秀作品精选 [M]. 上海：东华大学出版社，2014.

[5] 黄嘉，侯蕴珊，杨露 . 时装画实用表现技法 [M]. 北京：中国纺织出版社，2017.

[6] 肖维嘉 . 服装设计效果图手绘表现实例教程 [M]. 北京：北京希望电子出版社，2019.

[7] 黄哲，朱建龙 . 时装设计手绘完全表现技法 [M]. 北京：人民邮电出版社，2019.

[8] 郝永强 . 实用时装画技法 [M]. 北京：中国纺织出版社，2018.

[9] 古斯塔沃・费尔南德斯 . 美国时装画技法基础教程 [M]. 辛芳芳，译 . 上海：东华大学出版社，2011.

[10] 王悦 . 时装画技法——手绘表现技能全程训练 [M]. 上海：东华大学出版社，2010.

[11] 胡晓东 . 服装设计图人体动态与着装表现技法 [M]. 武汉：湖北美术出版社，2009.

[12] Bill Thames. 美国时装画技法 [M]. 白湘文、赵惠群，译 . 北京：中国轻工业出版社，2009.

[13] 蔡凌霄 . 手绘时装画表现技法 [M]. 南昌：江西美术出版社，2008.

[14] 渡边直树，新・时装设计表现技法 [M]. 北京：中国青年出版社，2008.

[15] Giglio Fashion 工作室 . 全新时装设计手册：效果图技法表现篇 [M]. 北京：中国青年出版社，2008.

[16] 贝思安・莫里斯 . 时装画技法培训教程 [M]. 方茜，译 . 上海：上海人民美术出版社，2007.

[17] 郭庆红 . 手绘与电脑时装画表现技法 [M]. 福州：福建科学技术出版社，2006.

[18] 胡越 . 服饰设计快速表现技法 [M]. 上海：上海人民美术出版社，2006.

[19] 刘元风，吴波 . 服装效果图技法 [M]. 武汉：湖北美术出版社，2001.

[20] 凯特・哈根 . 美国时装画技法教程 [M]. 张培，译 . 北京：中国轻工业出版社，2008.

[21] 王受之 . 世界时装史 [M]. 北京：中国青年出版社，2002.

[22] Giglio Fashion 工作室 . 全新时装设计手册：效果图实际表现篇 [M]. 北京：中国青年出版社，2009.

[23] 姚晓林 . 服装面料设计浅析 [J]. 惠州大学学报（社会科学版），2001(04):81-84.

[24] 梁惠娥，严加平 . 针织服装面料设计语言初探 [J]. 艺术与设计(理论)，2010(05):241-243.

[25] 陶颖彦 . 浅谈服装面料的肌理设计 [J]. 国外丝绸，2006(03):33-35.

[26] 杨志国 . 服装面料杂谈 [J]. 丝绸，1999(06):49-50.

[27] 黄向群，姚震 . 时装画技法及电脑应用简介 [J]. 金陵职业大学学报，2000(03):115-116.

[28] 董楚涵 . 时装画人体表现技法研究 [J]. 南阳师范学院学报，2009(04):75-77.

[29] 王雨平 . 现代时装画 [J]. 博览群书，1997(07):47.

[30] 矢岛功 . 矢岛功时装画作品集 [M]. 许旭兵，译 . 南昌：江西美术出版社，2001.

[31] 钟蔚 . 时装设计快速表现 [M]. 武汉：湖北美术出版社，2007.

[32] 赵晓霞 . 时装画历史及现状研究 [D]. 北京：北京服装学院，2008.

[33] Anna Kiper. 美国时装画技法：灵感・设计 [M]. 孙雪飞，译 . 北京：中国纺织出版社，2012.

[34] Bina Abling. 美国经典时装画技法 [M]. 5 版 . 黄湘情，译 . 北京：人民邮电出版社，2014.